高等职业教育"十三五"新形态规划教材

计算机文化基础实训教程

主　编 康　华　陈少敏
副主编 张　捷　郑思思　刘苗苗

北京理工大学出版社
BEIJING INSTITUTE OF TECHNOLOGY PRESS

版权专有 侵权必究

图书在版编目（CIP）数据

计算机文化基础实训教程／康华，陈少敏主编．—北京：北京理工大学出版社，2018.7
ISBN 978－7－5682－5971－2

Ⅰ.①计… Ⅱ.①康… ②陈… Ⅲ.①电子计算机－教材 Ⅳ.①TP3

中国版本图书馆 CIP 数据核字（2018）第 163588 号

出版发行 ／北京理工大学出版社有限责任公司	
社　　址 ／北京市海淀区中关村南大街 5 号	
邮　　编 ／100081	
电　　话 ／(010) 68914775（总编室）	
（010) 82562903（教材售后服务热线）	
（010) 68948351（其他图书服务热线）	
网　　址 ／http：//www.bitpress.com.cn	
经　　销 ／全国各地新华书店	
印　　刷 ／北京富达印务有限公司	
开　　本 ／787 毫米×1092 毫米　1/16	
印　　张 ／7	责任编辑／李志敏
字　　数 ／157 千字	文案编辑／李志敏
版　　次 ／2018 年 7 月第 1 版　2018 年 7 月第 1 次印刷	责任校对／周瑞红
定　　价 ／23.00 元	责任印制／施胜娟

图书出现印装质量问题，请拨打售后服务热线，本社负责调换

本书是《计算机文化基础》(康华、陈少敏主编)的配套实训教材。本书从人才素质教育的要求出发,着眼于加强学生的计算机基本技能和应用能力的培养,主要介绍微型机常用操作平台及流行应用软件的使用方法,针对计算机基础知识、Windows 7 操作系统、文字处理软件 Word 2010、电子表格处理软件 Excel 2010、演示文稿处理软件 PowerPoint 2010、数据库管理软件 Access 2010、网络基础等内容,精选了 23 个上机实验,每个实验均有示例并给出了具体的操作步骤,有利于学生尽快掌握必备的知识。

本书的每一模块都包含基础练习题及 2~4 个上机实验,基础练习题给出了与主教材各章节内容密切相关的练习题,包含若干填空题、选择题和简答题,有助于加强学生对计算机的基础知识和主要概念的理解;上机实验包括实验目的、实验内容、实验步骤及思考与练习,循序渐进、由浅入深,既有基础、又有提高,层次清晰,可满足不同层次读者学生的学习要求。

本书由唐山科技职业技术学院康华、陈少敏担任主编,唐山科技职业技术学院的张捷、郑思思及东北石油大学秦皇岛分校刘苗苗担任副主编。模块一和二由陈少敏编写,模块三由郑思思编写,模块四和五由康华编写。模块六由东北石油大学秦皇岛分校刘苗苗编写。模块七由张捷编写。全书由康华统稿,陈少敏负责审定。

本书既可作为高职院校各专业计算机公共课的教材,也可作为各类计算机基础知识的培训教材和自学的参考教材。

由于时间仓促,加之编者水平有限,书中难免有错误和不足之处,敬请广大读者批评指正。

编者

2018 年 3 月

目录

模块一　计算机的认识和使用 …………………………………………………… 1

　基础练习 ……………………………………………………………………… 1
　上机实验与实训 ……………………………………………………………… 9
　　实验一：认识微型计算机硬件系统 ………………………………………… 9
　　实验二：指法练习 …………………………………………………………… 11

模块二　操作系统——Windows 7 ……………………………………………… 14

　基础练习 ……………………………………………………………………… 14
　上机实验与实训 ……………………………………………………………… 21
　　实验一：Windows 7 系统的基本操作 …………………………………… 21
　　实验二：Windows 系统管理与维护 ……………………………………… 24
　　实验三：文件的管理 ………………………………………………………… 26

模块三　文字处理软件——Word 2010 ………………………………………… 29

　基础练习 ……………………………………………………………………… 29
　上机实验与实训 ……………………………………………………………… 35
　　实验一：撰写自荐信 ………………………………………………………… 35
　　实验二：撰写个人简历 ……………………………………………………… 36
　　实验三：制作个人简历封面 ………………………………………………… 39
　　实验四：制作试卷 …………………………………………………………… 41

模块四　表格处理软件——Excel 2010 ………………………………………… 46

　习题精选 ……………………………………………………………………… 46
　上机实验与实训 ……………………………………………………………… 54
　　实验一：Excel 2010 基本操作 …………………………………………… 54
　　实验二：工作表的数据管理 ………………………………………………… 56
　　实验三：Excel 公式与函数的使用 ………………………………………… 61
　　实验四：数据的图表化与输出 ……………………………………………… 65

模块五　演示文稿软件——PowerPoint 2010　67

习题精选　67
上机实验与实训　69
实验一：PowerPoint 2010 的基本操作　69
实验二：PowerPoint 2010 中动画的制作　73
实验三：PowerPoint 2010 交互功能制作　75
实验四：PowerPoint 2010 的输出　78

模块六　数据库管理软件——Access 2010　82

习题精选　82
上机实验与实训　84
实验一：创建数据库、表　84
实验二：修改表结构及属性　86
实验三：建立表间关系　88

模块七　网络基础知识　90

习题精选　90
上机实验与实训　94
实验一：网络配置与建立网络连接　94
实验二：IE 浏览器的使用　95
实验三：电子邮箱的申请与使用　99

模块一　计算机的认识和使用

基础练习

一、填空题

1. 电子计算机，俗称_____，它是一种具有_____能力，依据一定程序自动处理信息、储存并输出处理结果的电子设备，是 20 世纪人类最伟大的发明创造之一。

2. 计算机内所有的信息都是以_____的形式表示的，单位是位。一个 8 位的二进制数据单元称一个_____（Byte）。

3. 一个字中包含二进制数位数的多少称为_____，它是标志计算机精度的一项技术指标。

4. 一条指令一般包括_____和_____两部分，_____表明进行何种操作，_____则指明操作对象（数据）在内存中的地址。

5. 依据通用计算机自身的性能指标，如运算速度、存储容量和规模大小等，可以将计算机分为_____、_____、_____和_____。

6. 信息技术是指利用_____、_____和_____实现获取信息、传递信息、存储信息、处理信息、显示和利用信息等的相关技术。其中_____是处理信息的技术。

7. 一个完整的计算机系统由_____和_____两大部分组成。

8. 没有软件支持的计算机叫作"_____"。

9. 自 1946 年第一台计算机诞生至今，计算机就其体系结构而言，到目前为止并没有发生实质性的变化，都是基于_____的原理。

10. 一般计算机都是由_____、_____、_____、_____和_____设备组成。

11. 把_____和_____集成在一块集成电路芯片上，即构成了中央处理器（CPU）。

12. 存储器可分为_____和_____。我们平时说的_____属于主存储器，光盘属于外存储器。

13. _____的功能是将计算机内部二进制形式的信息转换成某种人们所需要或者其他设备能接受和识别的信息形式。

14. 根据软件的用途不同，可将计算机的软件系统分为_____和_____两大类。

15. 在所有软件中_____最重要，因为它直接与硬件接触，是属于最底层的软件，它管理和控制硬件资源，同时为上层软件提供支持。

16. 微型计算机的 CPU、内存储器、主板、电源以及有关的功能卡等组成部分都安装于机箱内，它们一起构成微型计算机的_____。

17. 根据作用的不同，内存储器可分为_____存储器和_____存储器。

18. _____是一组为系统部件之间数据传送的公用信号线。一次传输信息的位数称为_____。

19. 目前，用于计算机系统的光盘有三类：_____（CD/DVD－ROM）、_____（CD/DVD－R）和_____（CD/DVD－RW）。

20. _____是计算机参与运算数的基本位数，是计算机设计时规定的存储、传送、处理操作的信息单位。

21. 电脑故障从大的方面来说可以分为_____和_____。

22. 根据警报声类型判断故障产生的原因。比如听到的是不断的"嘀——"长声，那一般就是_____的原因；而如果听到的是"嘀——嘀嘀——"一长两短的报警声，一般则是_____故障。

23. 电脑启动后，屏幕上显示"Invalid partition table"，硬盘不能启动，若从光盘启动则可以进入 C 盘；或者显示"Error loading operating system"或"Missing operating system"的提示信息。造成该故障的原因一般是_____。

24. 无论哪种数制形式，都包含两个基本要素：_____和_____。

25. 十进制数 368 对应的二进制数为_____，八进制数为_____，十六进制数为_____。

26. 二进制数 1100101101 对应的十进制数为_____，八进制数为_____，十六进制数为_____。

27. 八进制数 70 对应的二进制数为_____，十进制数为_____，十六进制数为_____。

28. 十六进制数 1AE 对应的二进制数为_____，十进制数为_____，八进制数为_____。

29. 计算机只能识别和处理用_____表示的信息，因此我们所有要使用的数字、字母、字符、标点以及其他特殊符号，都只能用_____的不同组合来表示，以便计算机能够识别。

30. 计算机中普遍采用的是国际上通用的美国标准信息交换码，简称为_____。

31. 汉字的编码包括_____、_____、_____和_____。

32. 用八位二进制数可以表示的最大正整数是_____。

33. 计算机的安全性主要体现在_____和_____方面。其安全体系一般由_____、安全管理和安全法律组成。

34. "黑客"（Hacker）在信息安全领域内普遍含义特指对计算机系统的_____。

35. 信息安全的目标是保证信息_____、_____、_____和_____。

二、选择题

1. 世界上第一台电子计算机诞生于（　　）年。
   A. 1945　　　　B. 1902　　　　C. 1946　　　　D. 1981

2. 用计算机来控制"神舟"飞船在太空中的运行状态属于计算机的（　　）。
   A. 数据处理　　B. 实时控制　　C. 辅助设计　　D. 信息处理

3. 计算机已经应用于各行各业，而计算机最早设计是针对（　　）。
   A. 数据处理　　B. 科学计算　　C. 辅助设计　　D. 过程控制

4. 在表示存储器的容量时，KB 的准确含义是（　　）字节。
   A. 1 000　　　　　B. 1 024　　　　　C. 512　　　　　D. 2 048
5. CAD 的含义为（　　）。
   A. 计算机辅助教学　　　　　　　B. 计算机辅助设计
   C. 计算机辅助控制　　　　　　　D. 计算机辅助测试
6. 第一代计算机的逻辑器件采用了（　　）作为基本元件
   A. 晶体管　　　　　　　　　　　B. 集成电路
   C. 电子管　　　　　　　　　　　D. 超大规模集成电路
7. PC 指的是（　　）。
   A. 小型计算机　　B. 微型计算机　　C. 巨型计算机　　D. 笔记本电脑
8. 第三代计算机发展阶段，不仅硬件得到了很大的发展，而且软件技术也得到了进一步的提高，其中（　　）的逐步成熟是第三代计算机的显著特点。
   A. 操作系统　　　　　　　　　　B. 汇编语言
   C. 高级程序设计语言　　　　　　D. 信息管理系统
9. 在计算机中，（　　）是衡量计算机存储容量的单位。
   A. 字节　　　　　B. 位　　　　　C. 千字节　　　　　D. 字
10. 下列不属于 CPU 组成部件的是（　　）。
    A. 运算器　　　　B. 加法器　　　C. 内存　　　　　D. 控制器
11. 下列不属于外存储器的是（　　）。
    A. 硬盘　　　　　B. 内存条　　　C. 光盘　　　　　D. 磁带
12. CPU 能够直接访问的存储器是（　　）。
    A. 光盘　　　　　B. 硬盘　　　　C. 内存　　　　　D. U 盘
13. 下列说法错误的是（　　）。
    A. 直接通过主机电源开关启动电脑的方法称为"冷启动"
    B. CPU 是电脑中的核心部件
    C. ROM 中的信息会随着电脑的关闭而消失
    D. 硬盘、光盘和内存中存储速度最快的是内存
14. 下列不属于输出设备的是（　　）。
    A. 打印机　　　　B. 显示器　　　C. 数码相机　　　D. 光盘
15. 下列不属于系统软件的是（　　）。
    A. Windows 系统　　　　　　　　B. Visual Basic
    C. 游戏软件　　　　　　　　　　D. 纠错程序
16. 没有软件的计算机称为裸机，最贴近硬件的系统软件应该是（　　）。
    A. 编译系统　　　　　　　　　　B. 服务程序
    C. 操作系统　　　　　　　　　　D. 数据库管理系统
17. 微型机具有计算机的一般共性，也有其特殊性，其核心是（　　）。
    A. 主板　　　　　B. CPU　　　　C. 内存　　　　　D. 硬盘
18. 下列不属于 CPU 的生产厂商的是（　　）。
    A. 英特尔　　　　B. AMD　　　　C. 微软　　　　　D. 威盛

19. 以下设备不连接在主板上 IDE 接口的是（　　）。
A. 光驱　　　　　B. 硬盘　　　　　C. DVD 刻录机　　　D. 显卡
20. 下列不属于鼠标根据目前接口的不同而进行分类的是（　　）。
A. PS/2 鼠标　　　B. 光电鼠标　　　C. USB 鼠标　　　D. 无线鼠标
21. 计算机中采用二进制表示信息的主要原因是（　　）。
A. 二进制只有 0 和 1 两个数，运算简单，易于实现
B. 只有两种电子状态，可以有效节省元器件，节省成本
C. 可以有效地提高计算机的运算速度
D. 受到元器件设计的限制，只能使用二进制表示
22. 下列不属于度量存储容量的单位的是（　　）。
A. 兆　　　　　　B. 字节　　　　　C. 磅　　　　　　D. 千字节
23. 现在微型机的（　　），在很大程度上决定了计算机的运行速度。
A. CPU 主频　　　B. 硬盘的大小　　C. 显卡　　　　　D. 显示器
24. I/O 设备一般指的是（　　）。
A. 输入、输出设备　　　　　　　　B. 输入设备
C. 输出设备　　　　　　　　　　　D. 外部设备
25. 电脑应该放置于通风、干燥、没有阳光直射的环境中，工作温度以（　　）为宜。
A. 10 ℃~35 ℃　　B. 0 ℃~30 ℃　　C. 18 ℃~25 ℃　　D. 4 ℃~36 ℃
26. 下列叙述正确的是（　　）。
A. 在放置电脑的房间应尽量铺上地毯，以免摔坏电脑
B. 长时间不使用电脑时，应先关闭电脑，切断电源，然后再离开
C. 为了发挥电脑的性能，应该尽可能的多装软件
D. 在安装杀毒软件后，不需要总是升级，以免造成系统的不稳定
27. 电脑在运行时突然断电使得电脑不能正常运行，应该属于（　　）故障。
A. 器件　　　　　B. 机械　　　　　C. 介质　　　　　D. 人为
28. 在开机启动时出现死机，显示器不能显示，并且有警报声，一般不会出现故障的部件是（　　）。
A. 电源　　　　　B. 主板插槽　　　C. 显卡　　　　　D. 内存
29. 在暑假使用电脑时，有时电脑会重新启动或者无故定时死机，可能导致该故障的原因（　　）。
A. 电压不稳定　　　　　　　　　　B. 显示器出现问题
C. 室内温度太高　　　　　　　　　D. 室内过于潮湿
30. 按照总线上传送信息类型的不同，可将总线分为三组，（　　）不属于总线类型。
A. 地址总线　　　B. 控制总线　　　C. 信号总线　　　D. 数据总线
31. 计算机内存比外存（　　）。
A. 存储容量大　　　　　　　　　　B. 存取速度快
C. 便宜　　　　　　　　　　　　　D. 贵但能存储更多的信息
32. 在计算机的机箱上一般都有一个 Reset 按钮，它的作用是（　　）。
A. 暂时关闭显示器　　　　　　　　B. 锁定对软盘驱动器的操作
C. 重新启动计算机　　　　　　　　D. 锁定对硬盘驱动器的操作

33. 微型计算机型号中的286、386、486、586和Pentium Ⅲ等信息指的是（　　）。
   A. 显示器的分辨率　　　　　　　　B. CPU的型号
   C. 内存的容量　　　　　　　　　　D. 运算速度

34. 通常所说的24针打印机属于（　　）。
   A. 激光打印机　　　　　　　　　　B. 击打式打印机
   C. 喷墨打印机　　　　　　　　　　D. 热敏打印机

35. 关机会丢失数据的是（　　）。
   A. RAM　　　　B. ROM　　　　C. 硬盘　　　　D. 软盘

36. 可以将图片输入到计算机内的设备是（　　）。
   A. 绘图仪　　　B. 键盘　　　　C. 扫描仪　　　D. 鼠标

37. 把十进制数111转化为二进制数为（　　）。
   A. 111　　　　B. 1101111　　　C. 1110001　　　D. 1001111

38. 下列关于数制转换错误的是（　　）。
   A. 二进制数101转换为十进制数为5
   B. 八进制数576转换为十六进制数为17E
   C. 十六进制数A1转换为二进制数为10100001
   D. 十进制数210转换为八进制数为301

39. 计算机能够直接运行的程序是用（　　）编写的。
   A. 汇编语言　　　　　　　　　　　B. C语言
   D. 机器语言　　　　　　　　　　　D. 被编译过的高级语言

40. 下列关于计算机软件正确的态度是（　　）。
   A. 借用别人购买的软件不用花钱，一般安装软件直接借用别人的即可
   B. 在网络上可以下载破解了的正版软件，因此没有必要购买
   C. 计算机软件不需要备份和维护
   D. 计算机软件受到法律的保护，不能随意复制和传播

41. 汉字国标码（GB 2012—1980）把汉字分成（　　）等级。
   A. 简化字和整体字两个
   B. 一级汉字、二级汉字、三级汉字共三个
   C. 一级汉字、二级汉字共两个
   D. 常用字、次常用字、罕见字三个

42. 微型计算机存储器系统中的Cache是（　　）。
   A. 只读存储器　　　　　　　　　　B. 高速缓冲存储器
   C. 可编程只读存储器　　　　　　　D. 可擦除可再编程只读存储器

43. 一个汉字的国标码用2个字节存储，其每个字节的最高二进制位的值分别为（　　）。
   A. 0，0　　　　B. 1，0　　　　C. 0，1　　　　D. 1，1

44. 多媒体计算机处理的信息类型有（　　）。
   A. 文字、数字、图形

B. 文字、数字、图形、图像、音频、视频

C. 文字、数字、图形、图像

D. 文字、图形、图像、动画

45. 已知英文字母 m 的 ASCII 码值为 109，那么英文字母 j 的 ASCII 码值是（　　）。
A. 106　　　　　B. 105　　　　　C. 104　　　　　D. 103

46. 在下列字符中，其 ASCII 码值最小的一个是（　　）。
A. 9　　　　　　B. p　　　　　　C. Z　　　　　　D. a

47. 计算机对汉字进行处理和存储时使用汉字的（　　）。
A. 字形码　　　B. 机内码　　　C. 输入码　　　D. 国标码

48. 存储一个 32×32 点阵汉字字型信息的字节数是（　　）。
A. 64 B　　　　B. 128 B　　　　C. 256 B　　　　D. 512 B

49. 存储 400 个 24×24 点阵汉字字型所需的存储容量是（　　）。
A. 255 KB　　　B. 75 KB　　　　C. 37.5 KB　　　D. 28.125 KB

50. 下列字符中，ASCII 码值最小的是（　　）。
A. a　　　　　　B. A　　　　　　C. x　　　　　　D. Y

51. 汉字的区位码由一汉字的区号和位号组成。其区号和位号的范围各为（　　）。
A. 区号 1－95，位号 1－95　　　　B. 区号 1－94，位号 1－94
C. 区号 0－94，位号 0－94　　　　D. 区号 0－95，位号 0－95

52. 下列叙述中错误的一条是（　　）。
A. 微型计算机运行几小时后，应关机散热后再启动
B. 微型计算机应避免强磁场的干扰
C. 微型计算机应经常使用，不要长期闲置不用
D. 微型计算机机房湿度不宜过大

53. 计算机之所以能按人们的意志自动进行工作，主要是因为采用了（　　）。
A. 二进制数制　　　　　　　　　B. 高速电子元件
C. 存储程序控制　　　　　　　　D. 程序设计语言

54. 关于存储器存取速度快慢的比较中，（　　）是正确的。
A. 硬盘＞软盘＞RAM　　　　　　B. RAM＞硬盘＞软盘
C. 软盘＞硬盘＞RAM　　　　　　D. 硬盘＞RAM＞软盘

55. 在系统软件中，操作系统是最核心的系统软件，它是（　　）。
A. 软件和硬件之间的接口
B. 源程序和目标程序之间的接口
C. 用户和计算机之间的接口
D. 外设和主机之间的接口

56. 下列关于 GB 2312—1980 汉字内码的说法，正确的是（　　）。
A. 每个汉字内码的长度随其笔画的多少而变化的
B. 汉字的内码与它的区位码相同

C. 汉字的内码一定无重码

D. 使用内码便于打印

57. 区位码输入法的最大优点是（　　）。

A. 一字一码，无重码

B. 易记易用

C. 只用数码输入，简单易用

D. 编码有规律，不易忘记

58. 根据汉字国标码 GB 2312—1980 的规定，将汉字分为常用汉字（一级）和非常用汉字（二级）两级汉字，其中非常用汉字按（　　）排列。

A. 偏旁部首笔画多少　　　　　　B. 汉语拼音字母

C. 每个字的笔画多少　　　　　　D. 使用频率多少

59. 为了提高软件开发效率，开发软件时应尽量采用（　　）。

A. 汇编语言　　　B. 机器语言　　　C. 指令系统　　　D. 高级语言

60. 下列编码中，属于正确的汉字内码的是（　　）。

A. 5EF6H　　　　B. FB67H　　　　C. A3B3H　　　　D. C97DH

61. 已知汉字"家"的区位码是 2850，则其国标码是（　　）。

A. 4870D　　　　B. 3C52H　　　　C. 9CB2H　　　　D. A8D0H

62. 全拼或简拼汉字输入法的编码属于（　　）。

A. 音码　　　　　B. 形声码　　　　C. 区位码　　　　D. 形码

63. 下列说法中正确的是（　　）。

A. 同一个汉字输入码的长度随输入方法不同而不同

B. 一个汉字的机内码与它的国标码是相同的，且均为 2 字节

C. 不同汉字机内码的长度是不相同的

D. 同一汉字用不同的输入法输入时，其机内码是不相同的

64. 下列编码中，属于正确的汉字机内码的是（　　）。

A. 6EF6H　　　　B. FB6FH　　　　C. A3A3H　　　　D. C97CH

65. 已知汉字"中"的区位码是 5448，则其国标码是（　　）。

A. 7468D　　　　B. 3630H　　　　C. 6862H　　　　D. 5650H

66. 下列关于汉字编码的叙述中，错误的是（　　）。

A. BIG5 码是通行于香港和台湾地区的繁体汉字编码

B. 一个汉字的区位码就是它的国标码

C. 无论两个汉字的笔画数目相差多大，它们机内码的长度都是相同的

D. 同一汉字用不同的输入法输入时，其输入码不同但机内码却是相同的

67. 下列叙述中错误的是（　　）。

A. 内存储器 RAM 中主要存储当前正在运行的程序和数据

B. 高速缓冲存储器（Cache）一般由 DRAM 构成

C. 外部存储器（如硬盘）用来存储必须永久保存的程序和数据

D. 存储在 RAM 中的信息会因断电而全部丢失

68. 任意一汉字的机内码和其国标码之差总是（　　）。
  A. 8000H　　　　　B. 8080H　　　　　C. 2080H　　　　　D. 8020H
69. 根据汉字国标 GB 2312－1980 的规定，二级次常用汉字个数是（　　）。
  A. 3 000 个　　　　B. 7 445 个　　　　C. 3 008 个　　　　D. 3 755 个
70. 计算机的系统总线是计算机各部件间传递信息的公共通道，分为（　　）。
  A. 数据总线和控制总线
  B. 地址总线和数据总线
  C. 数据总线、控制总线和地址总线
  D. 地址总线和控制总线

三、简答题

1. 计算机的发展经历了哪几个阶段？各有什么特点？
2. 计算机具有什么样的特点？
3. 计算机的主要应用有哪些？试举几个计算机应用的例子。
4. 什么是信息技术？其在人类发展史上经历了哪几次信息技术革命？
5. 什么是总线？总线可以分为哪几种类型？各自功能是什么？
6. 简述冯·诺依曼计算机的工作原理。
7. 什么是系统软件？系统软件可以分为哪些类型？
8. 计算机硬件由哪五大功能部件构成？每一部件的功能是什么？
9. 什么叫作"位""字节"和"字"？
10. 衡量存储器容量的单位有哪些？
11. 学校或家里的计算机都安装了哪些软件？它们都有些什么用途？
12. 衡量计算机性能的主要技术指标有哪些？
13. 为了让电脑能够正常、稳定、高效和安全地完成工作，在使用电脑的过程中应该注意些什么？试结合自己的认识说出原因。
14. 常用的电脑故障判断方法有哪些？每种方法应该如何用于判断电脑故障？
15. 打印机可以分为哪几种类型？各有什么优、缺点？
16. 学校或家里的计算机都由哪些部件组成？它们之间是如何连接的？
17. 通过市场调查，当前市场上流行的 CPU 生产厂家生产的 CPU 有哪些型号？属于什么系列？性能如何？
18. 为了使计算机安全、可靠和高效地帮助我们完成需要的工作，我们有必要了解使用计算的哪些注意事项？
19. 信息产业部专家研究指出，我国计算机系统安全在哪六大方面面临严峻形势？
20. 计算机的安全管理是一项系统工程，必须在全社会给予重视，建立健全的各项规章制度，加强监督和管理，采用新的技术和防范措施，全方位、多角度地做好管理工作。从总体上来说可以从哪几个方面着手？
21. 什么是计算机"黑客"（Hacker）？他们共同的伦理观是什么？计算机黑客行为根据

目标不同大致可以分为哪几种类型？

22. 根据自己所具有的知识，谈谈什么是计算机犯罪，我国出台和修正了哪些关于计算机信息系统安全、惩处计算机违法犯罪行为等方面的法律法规。

23. 常见的计算机犯罪有哪些类型？

24. 为了维护计算机系统的安全，防止病毒的入侵，结合自己的常识谈谈应该注意些什么。

25. 根据自己所学的计算机相关知识，谈谈如何正确使用和维护计算机。

上机实验与实训

实验一：认识微型计算机硬件系统

【实验目的】

（1）了解和认识微型计算机硬件系统的组成部件。
（2）了解微型计算机的接口类型及其作用。
（3）认识常用的外部设备。

【实验内容】

（1）从外观上标明微型计算机的各个组成部分名称及其作用。
（2）以小组为单位动手拆除微型计算机机箱侧面挡板，展示主机内部构成。
（3）观察和识别微型计算机主机内部各组成部件。
（4）观察和识别微型计算机内部以及机箱后侧各接口的名称及其作用。
（5）认识常用的微型计算机外部设备，如摄像头、扫描仪、打印机、数码照相机、数码摄像机和调制解调器等。

【实验步骤】

步骤一：认识微型计算机的外部构成

微型计算机就是平时所说的个人电脑，从外观上看，微型计算机一般由主机、显示器、键盘、鼠标和音箱等设备构成，如图1-1所示。

图1-1　微型计算机的组成

步骤二：认识主机构成

拧开机箱背面两侧的挡板螺钉，可以将机箱两侧的挡板打开。取下机箱左侧挡板，可以看到机箱内部，如图1-2所示。

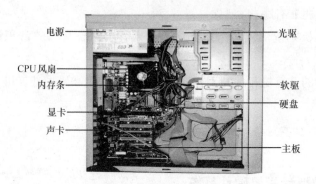

图1-2　主机内部结构

从机箱可以看到，主机内部包括了主板、CPU风扇、内存条、硬盘、电源、光驱、显卡、声卡和软驱等各组成部件。观察并识别各组成部件名称以及它们接插的位置和方向。

在老师的指导下，尝试将各部件有序地从插口处拔离，并正确地放置在电脑桌面上，根据硬件上提供的各类信息记录它们的相关参数。

步骤三：认识主板及各部件插口

从主板上找出各可能的插口，并根据所学知识在小组范围内讨论各插口的作用。图1-3所示为某型号主板及其伸出机箱后侧部分接口。与自己打开的主机主板进行对照，观察它们有什么差异，试标明图中主板可认出的各个插口名称，并注明其可能的用途。

图1-3　某型号主板与后部接口

步骤四：认识常用的外部设备

图1-4所示依次为摄像头、扫描仪、打印机和数码相机等外部设备。

图1-4　常见外部设备

实验二：指法练习

【实验目的】

(1) 熟悉键盘的布局，掌握正确的指法位置。
(2) 熟练掌握中、英文输入法。

【实验内容】

(1) 键盘布局。
(2) 键盘指法。
(3) 英文录入练习。
(4) 中文录入练习。

【实验步骤】

步骤一：键盘布局

键盘是计算机最基本、最常用的输入工具之一。最常用的计算机键盘有 104 个键，除此之外，还有 101 个键和 107 个键的键盘。

Windows 键盘主要分为 5 个区：功能键区、主键盘区、编辑键区、状态指示区、辅助键区，如图 1-5 所示。

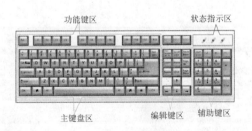

图 1-5　键盘分区

主键盘区：主要由 26 个英文字母键、0~9 十个数字键、21 个双字符键，以及很多功能键组成。

空格键：键盘上最长的键。用于向计算机输入空格。

回车键：标有【Enter】的键。当执行命令或编辑文档换行时使用。

字母锁定键：按一下【CapsLock】键，状态指示区的"CapsLock"指示灯亮，键盘进入大写字母输入状态；再按一下该键，"CapsLock"指示灯灭，键盘进入小写字母输入状态。

换档键：主键盘区左右两侧各有一个标有【Shift】的键。键帽上标有两个字符的键，叫作双字符键。输入双字符键上方的符号时需要使用该键。

跳格键：在主键盘区的右侧有一个【Tab】键。在编辑文档时，按一次【Tab】键，光标可以移动几个空格或移到指定的位置。

退格键：【Backspace】键。按一次该键，可以删除光标左边的一个字符，并使光标向左移动一个位置。

删除键：【Delete】键。按该键可以删除光标后面的字符。

功能键区：在键盘上标有【F1】~【F12】的键叫功能键。在不同的软件中，它们有不同的功能。通常情况下，单击【F1】键可得到软件的一些帮助信息。

数字锁定键：【NumLock】键。按一次该键，状态指示区"NumLock"灯亮才能输入数字。灯灭的时候，不能输入数字。

步骤二：键盘指法

（1）基本键指法。

主键盘区是平时最常用的键区，通过它，可实现各种文字和信息的录入。主键盘区有8个基本键，如图1-6所示。其中【F】键和【J】键上各有一个小横杠，可帮助盲打时定位。

开始打字前，左手小指、无名指、中指和食指应分别放在【A】、【S】、【D】、【F】键上，右手的食指、中指、无名指和小指应分别放在【J】、【K】、【L】、【;】键上，两个大拇指则放在空格键上。这就是打字时手指所处的基准位置，击打其他任何键，手指都是从这里出发，而且打完后应立即退回到基本键位。

图1-6　8个基本键

除了基本键外，凡是与基本键在同一左斜线上的键属于同一区，用同一手指来管理，如图1-7所示。

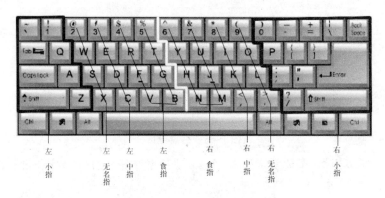

图1-7　其他键手指分工

（2）打字注意事项。

敲击键盘时，要采取正确的姿势和方法，只有操作方法正确，才不会引起疲劳和错误。

①熟悉手指键位分工，打字时，全身要自然放松，腰背挺直，上身稍离键盘，上臂自然下垂，手指略向内弯曲，自然放在对应键位上。

②打字时禁止看键盘，即盲打，凭手感去体会每一个键的准确位置。

步骤三：英文录入练习

启动写字板，分别进行如下练习：

打开"写字板"程序，单击桌面的"开始"按钮，从弹出的"开始"菜单中选择"写字板"，录入以下英文。

When you think of the tremendous technological progress we have made, it's amazing how little we have developed in other respects. We may speak contemptuously of the poor old Romans because they relished the orgies of slaughters that went on in their arenas. We may despise them because they mistook these goings on for entertainment. We may forgive them condescendingly because they lived 2,000 years ago and obviously knew no better. But are our feelings of superiority really justified? Are we any less blood-thirsty? Why do boxing matches, for instance, attract such universal interest? Don't the spectators who attend them hope they will see some violence? Human beings remains as blood-thirsty as ever they were. The only difference between ourselves and the Romans is that while they were honest enough to admit that they enjoyed watching hungry lions tearing people apart and eating them alive, we find all sorts of sophisticated arguments to defend sports which should have been banned long ago; sports which are quite as barbarous as, say, public hangings or bear-baiting.

步骤四：中文录入练习

单击任务栏上的"输入法"按钮，弹出如图 1-8 所示的输入法列表。

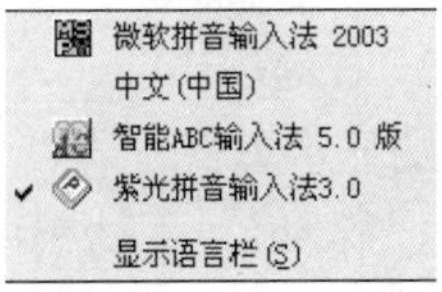

选择任意一种汉字输入法，录入下面汉字：

以前的网页大多数都是使用 HTML 语言进行手工编写，因此一般都只有比较专业的网页设计人员才能制作出较好的网页。随着计算机技术的不断发展，目前的网页制作不再需要手工编写 HTML 文件了，通过"所见即所得"的网页编辑器，就可以轻松方便地制作出漂亮的网页。

图 1-8 输入法

Dreamweaver 是网页三剑客之一，网页三剑客是目前最常用的网页制作工具，这三个软件相辅相成，配合衔接合理。本书后续内容也是通过网页三剑客对网页进行编写的。

Dreamweaver 是集网页制作和网站管理于一体的专业网页编辑器，它是针对专业网页设计师特别开发的可视化网页开发工具。其接口广泛，能轻易地与其他超文本标记语言编辑工具完美结合。Dreamweaver 还具有制作效率高、网站管理方便、模板丰富、网页呈现力强等特点，是专业的网页设计人员首选的工具之一。

【思考与练习】

(1) 以小组为单位讨论以上了解到的微型计算机部件是否是任何一台微型计算机系统都必须具备的，为什么。

(2) 根据小组所记录的各种硬件参数，讨论其代表了对应部件哪方面的性能，从中可以得到哪些硬件信息。

(3) 通过网络了解最新的各类部件的发展情况，列出最近市场上流行的部件型号及相关参数，并在班级内进行交流。

(4) 根据实验所获取的知识，假设小组内某成员需要配置一台电脑，集中集体的智慧，列出所需的各类配件名称及其型号，并说明选择配件的理由。最后由老师给出指导意见。

模块二 操作系统——Windows 7

基础练习

一、填空题

1. 启动电脑以后，第一眼看到的显示器显示的全部内容就是我们常说的_____。
2. 右键单击_____空白位置，选择"属性"选项，可以在打开的对话框中设置开始菜单的显示方式。
3. 在 Windows 7 中删除一个文件，一般首先将文件放入到_____中暂时保存，而不真正从电脑中清除。
4. 应用程序的名称一般显示在窗口的_____上。
5. 当在桌面上同时打开多个窗口时，只有一个窗口会处于激活状态，并且这个窗口会覆盖在其他窗口之上。被激活的窗口称为_____。
6. 如果同时运行了多个程序，其中一个程序出现了故障而使其他应用程序无法运行，这时可以按_____组合键，打开"Windows 任务管理器"对话框，在_____的"任务"列表中选择要关闭的应用程序列表项，然后单击_____按钮可以强制关闭应用程序。
7. Windows 7 的资源管理一般通过_____来完成，系统通过它来组织和管理诸如文件、文件夹等计算机资源。
8. 任何程序和数据都是以_____的形式存放在电脑的外存储器上。
9. 文件也是按_____来存取的，其结构为_____，如 setup.bmp。
10. 资源管理器中的操作和显示除了已列出操作之外，还可以通过_____改变其操作和显示方法。
11. 文件的属性包括_____、_____、隐藏和文档。
12. _____提供了有关计算机性能、计算机上运行的程序和进程的信息。
13. 在 Windows 7 系统中任何时候按下_____组合键，都会显示"Windows 任务管理器"。
14. 要结束某个没有响应的应用程序，可以通过"Windows 任务管理器"中的_____选项卡实现。
15. 要查看当前计算机内存使用情况，可以通过"Windows 任务管理器"中的_____选项卡实现。
16. 如果看着自己的显示器屏幕不停闪动，多半是屏幕的刷新率设置太低，可以通过"屏幕分辨率"中"高级设置"对话框的"监视器"选项卡设置"屏幕刷新频率"在_____以上。

17. _____是一种将硬件与操作系统相互连接的软件，是操作系统与硬件设备之间的桥梁和沟通的纽带。

18. 在长期使用电脑以后，文件在硬盘上的分布会比较分散，可以使用 Windows 系统自带的_____对硬盘进行整理，加快数据的访问速度。

19. Windows 7 系统提供给用户的一剂"后悔药"是指 Windows 系统的_____功能。

20. Windows 7 系统自带有两个简单的文字处理程序，分别为_____和_____。

21. Windows 7 系统自带的计算器有两种显示方式：一种是_____；另一种是_____。

22. 在计算器中，字符"：c"的作用是_____。

二、选择题

1. 操作系统控制外部设备和 CPU 之间的通道，把提出请求的外部设备按一定的优先顺序排好队，等待 CPU 响应。这属于操作系统的（　　）功能。
   A. CPU 控制与管理　　　　　　　　B. 存储管理
   C. 文件管理　　　　　　　　　　　D. 设备管理

2. 下列关于正确退出 Windows 7 系统描述错误的是（　　）。
   A. 单击"开始"菜单中的"关机"按钮
   B. 按下主机电源开关直接关闭计算机
   C. 在关闭计算机之前应退出所有程序和保存好所需的数据
   D. 在正确退出系统后，断开主机电源，然后再关闭外部设备电源

3. 在启动 Windows 7 时，要使系统进入启动模式选择菜单应按（　　）键。
   A. 【F4】　　　　　　　　　　　　B. 【Ctrl】+【Esc】
   C. 【F8】　　　　　　　　　　　　D. 【F1】

4. Windows 7 系统是一个（　　）操作系统。
   A. 单用户单任务　　　　　　　　　B. 多用户单任务
   C. 单用户多任务　　　　　　　　　D. 多用户多任务

5. 当鼠标移动至有链接的对象上方时，会出现的鼠标指针形状为（　　）。
   A.　　　　　B.　　　　　C.　　　　　D.

6. 当桌面上的鼠标指针显示为　时，当前系统的状态为（　　）。
   A. 系统正在等待用户输入信息
   B. 系统正忙，进行其他操作需要等待
   C. 表示进行各种操作都是无效的
   D. 系统出现错误，正在调整状态

7. 要运行某一程序，可以用鼠标（　　）该程序对应的图标。
   A. 单击　　　　B. 双击　　　　C. 两次单击　　　　D. 右击

8. 下列操作不能创建快捷图标的是（　　）。
   A. 在"资源管理器"中右键单击对象，选择快捷菜单中的"发送到"命令

B. 在"资源管理器"中拖动文件到桌面上

C. 在"资源管理器"中右键单击对象,选择快捷菜单中的"创建快捷方式"命令

D. 在"资源管理器"中右键拖动选择的对象

9. 要重新排列桌面图标,正确的操作为(   )。

A. 用鼠标拖动图标

B. 通过桌面右键菜单中的选项排列

C. 通过任务栏右键菜单命令排列

D. 通过"资源管理器"窗口排列

10. 在创建文档时,一般默认保存文件的目标文件夹为(   )。

A. 我的文档　　　　B. 我的电脑　　　　C. 系统文件夹　　　　D. C盘

11. 下列关于"回收站"描述正确的是(   )。

A. "回收站"是硬盘上面的一块区域

B. "回收站"的空间大小是固定不变的

C. 在Windows 7系统中删除文件时一定会将文件先放入"回收站"

D. "回收站"是计算机内存中的一块区域

12. 下列关于"任务栏"描述错误的是(   )。

A. "任务栏"的位置只能在桌面的底部

B. "任务栏"的大小是可以改变的

C. "任务栏"上的图标是不固定的

D. 通过"任务栏"可以快速启动一些应用程序

13. 对于一个应用程序窗口进行操作的信息一般显示在窗口的(   )。

A. 标题栏　　　　B. 工具栏　　　　C. 工作区域　　　　D. 状态栏

14. 通常使用(   )键激活窗口的菜单栏。

A.【Shift】　　　　B.【Alt】　　　　C.【Tab】　　　　D.【Ctrl】+【Shift】

15. 通常使用(   )键在一个对话框中的各个对象上切换。

A.【Shift】　　　　B.【Alt】　　　　C.【Tab】　　　　D.【Ctrl】+【Shift】

16. 在Windows 7系统中,每启动一个程序就会出现一个(   )。

A. 窗口　　　　B. 图标　　　　C. 桌面　　　　D. 对话框

17. Windows 7系统是一个多任务的操作系统,任务之间的切换按(   )键。

A.【Alt】+【Tab】　　　　　　　　B.【Alt】+【Esc】

C.【Shift】+【Space】　　　　　　D.【Shift】

18. 在Windows 7系统中,若需移动整个窗口则可用鼠标拖动窗口的(   )。

A. 工具栏　　　　B. 状态栏　　　　C. 标题栏　　　　D. 菜单栏

19. 在同一窗口中不可能同时出现的按钮是(   )。

A. 复原与最小化　　　　　　　　B. 复原与最大化

C. 最大化与最小化　　　　　　　D. 关闭与复原

20. 在Windows 7系统中退出当前应用程序应按(   )组合键。

A.【Alt】+【F1】　　　　　　　　B.【Alt】+【F2】

C.【Alt】+【F4】　　　　　　　　D.【Alt】+【Z】

21. 菜单命令旁带"…"表示（　　）。
    A. 该命令当前不能执行
    B. 执行该命令会打开一个对话框
    C. 单击它后不执行该命令
    D. 该命令有快捷键

22. 在 Windows 7 的下列操作中，（　　）操作不能启动应用程序。
    A. 双击该应用程序名
    B. 用"开始"菜单中的"文档"命令
    C. 用"开始"菜单中的"运行"命令
    D. 右击桌面上应用程序的快捷图标

23. 下列关于 Windows 7 窗口说法正确的是（　　）。
    A. 窗口最小化后，该窗口也同时被关闭了
    B. 窗口最小化后，该窗口程序也同时被关闭了
    C. 桌面上可同时打开多个窗口，通过任务栏上的相应按钮可进行窗口切换
    D. 窗口最大化和还原按钮同时显示在标题栏上

24. 下列不能作为文件名的是（　　）。
    A. Abc.3bn   B. 145.com
    C. mm? c.exe   D. 1cd.bmp

25. 下列图标表示 Word 文件的是（　　）。
    A. ▢   B. ▢   C. ▢   D. ▢

26. 下列图标默认表示为文件夹的是（　　）。
    A. ▢   B. ▢   C. ▢   D. ▢

27. 如果需要将隐藏的文件或者文件夹显示出来，可以通过资源管理器窗口的（　　）菜单进行设置。
    A. 编辑   B. 工具   C. 查看   D. 文件

28. 下列操作不能进入文件或者文件夹名称编辑状态的是（　　）。
    A. 选择文件或文件夹对象后，按【F2】键
    B. 两次单击要编辑名称的文件或文件夹对象
    C. 在要编辑名称的文件或文件夹对象上单击右键，选择"重命名"命令
    D. 双击要编辑名称的文件或文件夹对象

29. 在资源管理器中要间隔选择多个文件或者文件夹对象，应该在按下（　　）键后，再用鼠标单击需要选择的对象。
    A. 【Ctrl】   B. 【Shift】   C. 【Alt】   D. 【Ctrl】+【Alt】

30. 在资源管理器中要连续选择多个文件或者文件夹对象，应该在按下（　　）键后，再用鼠标单击需要选择的对象。
    A. 【Ctrl】   B. 【Alt】   C. 【Shift】   D. 【Ctrl】+【A】

31. 在同一磁盘分区拖动文件到另外的文件夹中完成的操作为（　　）。
    A. 复制   B. 移动

C. 删除 D. 创建快捷方式

32. 通过鼠标右键拖动文件或文件夹对象不能完成的操作是（   ）

A. 新建文件 B. 移动

C. 复制 D. 创建快捷方式

33. 要将文件从硬盘中彻底清除而不进入回收站，应该在执行"删除"操作时按下（   ）键。

A.【Ctrl】 B.【Shift】 C.【Alt】 D.【Ctrl】+【Alt】

34. 在"资源管理器"窗口中，如果文件夹没有展开，文件夹图标前会有（   ）。

A. * B. + C. / D. -

35. 选定文件或文件夹后，（   ）不能删除所选的文件或文件夹。

A. 按【Del】键

B. 选"文件"菜单中的"删除"命令

C. 用鼠标左键单击该文件夹，打开快捷菜单，选择"剪切"命令

D. 单击工具栏上的"删除"按钮

36. 在"资源管理器"中，使用"文件"菜单中的（   ）命令，可将硬盘上的文件复制到U盘。

A. 复制 B. 发送到 C. 另存为 D. 保存

37. Windows 7 的剪贴板是（   ）中的一块区域。

A. 内存 B. 显示存储器 C. 硬盘 D. Windows

38. Windows 7 默认保存文件的文件夹是（   ）。

A. 我的文档 B. 桌面 C. 收藏夹 D. 最近文档列表

39. 在"Windows 任务管理器"不能查看的信息是（   ）。

A. 内存的使用状态 B. 硬盘的使用状态

C. CPU 的使用情况 D. 运行的应用程序名称

40. 操作系统中"控制面板"的图标（   ）。

A. 是固定不变的 B. 与系统安装的软件无关

C. 与系统安装的软件有关 D. 完全由计算机的硬件系统确定

41. 要改变桌面背景图片，可以通过双击"控制面板"中的（   ）图标打开对应的对话框进行设置。

A. 属性 C. 系统 C. 显示 D. 管理工具

42. 下列有关驱动程序描述错误的是（   ）。

A. 驱动程序是一种将硬件与操作系统相互连接的软件

B. 鼠标和键盘不需要安装驱动程序也能正常工作

C. 驱动程序就是操作系统与硬件设备之间的桥梁和沟通的纽带

D. 在 Windows 7 系统中带有很多类型的硬件驱动程序

43. 关于"添加新硬件"的作用描述错误的是（　　）。
A. 将新的电脑配件连接到计算机主机接口上
B. 为正确连接的计算机硬件添加驱动程序
C. 安装不能被操作系统正常识别的硬件设备
D. 安装操作系统没有附带驱动程序的新硬件

44. Windows 7 的屏幕保护程序保护的是（　　）。
A. 打印机　　　　B. 显示器　　　　C. 用户　　　　D. 主机

45. 要安全清除硬盘中一些无用的文件，一般使用 Windows 7 系统的（　　）功能来实现。
A. 备份　　　　B. 磁盘清理　　　　C. 添加/删除程序　　　　D. 碎片整理

46. 在计算器中，用来清除当前计算的字符为（　　）
A. ": m"　　　　B. ": p"　　　　C. ": q"　　　　D. ": r"

47. 按（　　）组合键可以快速启动默认的中文输入法。
A.【Ctrl】+ 空格　　　　　　　　B.【Ctrl】+【Alt】
C.【Ctrl】+【Z】　　　　　　　　D.【Ctrl】+【.】

48. 按（　　）组合键可以实现在中、英文输入法之间轮换打开。
A.【Ctrl】+ 空格　　　　　　　　B.【Ctrl】+【Alt】
C.【Ctrl】+【Shift】　　　　　　　D.【Ctrl】+【.】

49. 按（　　）组合键可以实现中、英文标点符号的切换。
A.【Ctrl】+ 空格　　　　　　　　B.【Ctrl】+【Alt】
C.【Ctrl】+【Z】　　　　　　　　D.【Ctrl】+【.】

50. 按（　　）组合键可以实现全角与半角的切换。
A.【Shift】+ 空格　　　　　　　　B.【Ctrl】+【Alt】
C.【Ctrl】+【Shift】　　　　　　　D.【Alt】+【.】

51. 下列有关输入法描述错误的是（　　）。
A. 要使用输入法输入中文，首先必须启动对应的输入法
B. 使用中文输入法可以输入一些常见的特殊符号
C. 可以为不同的输入法设置不同的启动快捷键
D. 在中文输入法状态下不能输入英文

52. 在"全拼"输入法状态下，通过（　　）键可以输入中文的顿号。
A.【/】　　　　B.【\】　　　　C.【,】　　　　D.【=】

53. 计算机中的"磁盘碎片"指的是（　　）。
A. 散落在不同位置的电脑配件
B. 磁盘上排放无序的各类文件与数据
C. 磁盘上可用但是不能存放信息的存储空间
D. 磁盘上各类数据之间的空余磁盘空间

54. 下列有关操作系统"附件"描述错误的是（　　）。

A. 操作系统"附件"中包含了系统自带的一些工具软件

B. 通过"附件"中的"计算器"可以完成日常的一些计算任务

C. "附件"中附带的"录音机"不能录制系统播放的音乐，只能录制话筒声音

D. 对于系统没有的怪僻字，可以通过"附件"中的工具录入

55. 如果想要快速获取当前计算机的详细配件信息，如 CPU 的型号和频率、内存容量、操作系统版本、用户名称等信息，可以通过（　　）快速实现。

A. 在桌面"计算机"上右键单击，选择"属性"命令

B. 通过"附件"—"系统工具"中的"系统信息"工具

C. 通过"资源管理器"中"计算机"窗口

D. 通过"控制面板"中的"系统工具"

56. Windows 7 提供了多种手段供用户在多个运行着的程序间切换，按（　　）键可在打开的各个程序、窗口间进行循环切换。

A. 【Alt】+【Ctrl】　　　　　　　　B. 【Alt】+【Tab】

C. 【Ctrl】+【Esc】　　　　　　　　D. 【Tab】

三、简答题

1. 什么是操作系统？它具有哪些主要功能？

2. 操作系统有哪些分类？各类划分的标准是什么？

3. 简述 Windows 7 的特点。

4. 简述"关闭"快捷菜单中出现的"待机""休眠"选项的作用。

5. 在 Windows 7 中常用的启动程序方法有哪些？

6. 当某个程序不能正常退出时，如何关闭该程序？

7. 如何正常退出 Windows 7 系统？

8. Windows 7 的窗口都由哪些部分组成？

9. 启动一个程序都有哪些方式？比较一下各种启动方式的特点。

10. 当碰到一个问题时如何使用 Windows 7 的帮助系统以获得相关信息？

11. 在"资源管理器"文件与文件夹浏览窗口中，可能的视图方式有哪些？它们各有什么特点？结合自己的操作实践介绍它们一般在什么情况下使用。

12. 使用查找功能如何寻找"*.doc"文件？

13. 误删除的文件如何从回收站中恢复？

14. 如果需要使用屏幕保护程序来设置自己的电脑不被别人使用和查看当前操作状态，应该如何设置？

15. 如何设置当计算机等待 5 分钟后进入"三维飞行物"保护程序？

上机实验与实训

实验一：Windows 7 系统的基本操作

【实验目的】

(1) 复习有关 Windows 7 系统的基本知识内容。
(2) 熟悉并掌握 Windows 7 系统正确的开、关机方法。
(3) 熟悉 Windows 7 桌面的基本操作方法。
(4) 练习 Windows 7 系统下鼠标和键盘的基本操作。
(5) 熟悉 Windows 7 系统应用程序的启动和关闭。
(6) 熟悉 Windows 7 系统下窗口的打开、关闭、最大化、最小化和还原操作。
(7) 学习使用 Windows 7 系统的帮助系统。

【实验内容】

(1) 启动和关闭计算机。
(2) 设置"任务栏"与"开始"菜单属性和调整"任务栏"显示效果。
(3) 调整桌面上图标位置、顺序，并添加快捷图标。
(4) 通过"开始"菜单和桌面图标启动或退出应用程序。
(5) 打开多个"应用程序"窗口，并对窗口进行排列、最小化、最大化和移动等操作。
(6) 通过"帮助"系统获取所需帮助信息。

【实验步骤】

步骤一：启动和关闭计算机
(1) 开机后，系统首先进入 BIOS 中的自检程序，接着引导系统，系统进入 Windows 7 欢迎界面。
(2) 单击用户图标，进入用户登录界面。
(3) 如果设置了密码，就在文本框中输入正确的密码，单击确定或者【Enter】键进入 Windows 7 桌面。

步骤二：调整"开始"菜单和"任务栏"属性
1. 调整"开始"菜单
(1) 在"开始"按钮上右击，从弹出的快捷菜单中选择"属性"选项，弹出"任务栏和[开始]菜单属性"对话框。
(2) 打开"自定义[开始]菜单"对话框，在"要显示的最近打开过的程序的数目"微调框中设置最近打开程序的数目，在"要显示在跳转列表中的最近使用的项目数"微调框中设置最近使用的项目数，如图 2-1 所示。

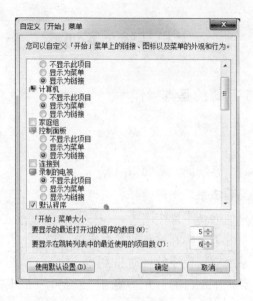

图 2-1　设置"开始"菜单属性

（3）单击"确定"按钮返回到"任务栏和「开始」菜单属性"对话框，然后单击"确定"按钮，打开"开始"菜单，可以看到设置的地方发生了变化。

2. 调整"任务栏"

（1）在"任务栏"空白位置处右击，勾选取消对任务栏的锁定（使"锁定任务栏"前面不带对钩，这样才能进行下面的相关操作）。

（2）在"开始"按钮上右击，从弹出的快捷菜单中选择"属性"选项，弹出"任务栏和「开始」菜单属性"对话框，将"「开始」菜单"选项卡切换到"任务栏"选项卡，通过勾选不同的复选框观察任务栏的变化，如图 2-2 所示。

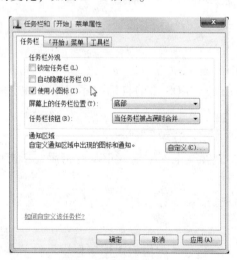

图 2-2　设置"任务栏"属性

（3）在"屏幕上的任务栏位置"下拉菜单中选择不同的选项，观察任务栏的变化。

（4）在"任务栏按钮"下拉菜单中选择不同的选项，观察任务栏上按钮的变化。

步骤三：调整桌面图标

1. 调整图标显示方式

在桌面空白位置单击鼠标右键，在出现的右键菜单中移动鼠标到"排列图标"选项，单击次级菜单中"名称""大小""类型""修改时间""自动排列"和"显示桌面图标"等选项，观察桌面上图标的位置变化。

2. 添加图标

单击"开始"按钮，打开"开始"菜单，移动鼠标指针到"程序"选项，在出现的程序组中移动鼠标到希望在桌面上添加快捷图标的选项，然后按下鼠标左键不放，移动鼠标指针到桌面的空白位置，松开鼠标左键，在桌面上创建该选项对应的快捷图标。

利用同样的方式也可以将任务栏上的快速启动图标移动到桌面上。

步骤四：启动、退出应用程序

（1）双击桌面上的"计算机"或其他图标，打开对应的窗口。

（2）单击"开始"菜单中"程序"中不同的程序选项或者次级菜单中不同的选项，打开不同的程序。

步骤五：窗口的基本操作

打开的每个程序都是一个窗口。图 2-3 所示为单击"开始"菜单中"程序"组中"附件"次级菜单中的"记事本"选项打开的程序窗口。同时在任务栏上显示 无标题 - 记事本 任务按钮。

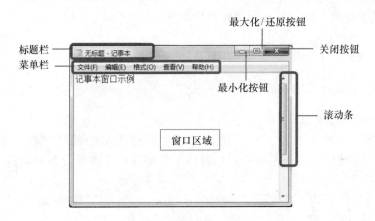

图 2-3 记事本窗口

（1）单击窗口标题栏右侧的三个按钮和任务栏上的 无标题 - 记事本 任务按钮，观察窗口发生的变化。当窗口不占据整个桌面时，中间的按钮为最大化按钮，单击最大化窗口后，该按钮变成还原按钮，单击恢复到最大化之前的窗口大小。

（2）移动鼠标指针到窗口标题栏的空白位置，双击标题栏，可实现窗口最大化或最小化命令。

（3）当窗口不是最大化时，在标题栏空白位置按下鼠标左键，移动鼠标指针，在桌面上移动窗口，到合适位置后松开鼠标。

（4）当窗口不是最大化时，将鼠标指针移动到窗口边沿或四个角上，当指针变成双向箭头时，按下鼠标左键不放，移动鼠标，到合适位置松开，可以改变窗口大小。

（5）通过打开程序的方法打开多个窗口，然后选择"任务栏"快捷菜单中"层叠窗口""横向平铺窗口""纵向平铺窗口"和"显示桌面"等选项。

【思考与练习】

(1) 在"关机"快捷菜单中选择"待机"和"重新启动"按钮,观察计算机所执行的任务。

(2) 在"任务栏和[开始]菜单属性"的两个选项卡中,单击其中的"自定义"按钮,在打开的对话框中设置不同的参数,通过"开始"菜单和"任务栏"观察产生的效果。

(3) 将任务栏上的快捷图标在桌面上创建快捷图标,并有选择的将桌面图标移动到任务栏的快速启动栏中。

(4) 单击窗口标题最左侧的图标,打开"控制菜单",单击其中不同的选项进行操作。

(5) 在"帮助和支持中心"单击"设置搜索选项",通过更改参数设置,搜索自己需要的帮助信息。

实验二:Windows 系统管理与维护

【实验目的】

(1) 复习 Windows 系统管理、维护知识。
(2) 掌握最常用的 Windows 系统维护工具的使用方法。

【实验内容】

(1) 获取当前电脑的硬件系统与操作系统信息。
(2) 磁盘碎片的整理。
(3) 磁盘清理程序的使用。

【实验步骤】

步骤一:获取系统信息

(1) 右键单击桌面上"计算机"图标,选择右键菜单中的"属性"选项,打开如图 2-4 所示的"系统属性"对话框。从中可以了解到当前操作系统版本信息、当前用户名称、CPU 和内存等信息。

图 2-4 "系统属性"对话框

（2）单击"开始"按钮，打开"开始"菜单，依次移动鼠标指针到"所有程序"→"附件"→"系统工具"→"系统信息"选项，打开"系统信息"窗口，如图2-5所示。通过左边列表选择不同选项，可以比较详细的看到各种硬件与软件配置信息。

图2-5 "系统信息"窗口

步骤二：磁盘碎片的整理

（1）单击"开始"按钮，打开"开始"菜单，依次移动鼠标指针到"所有程序"→"附件"→"系统工具"→"磁盘碎片整理程序"选项，打开"磁盘碎片整理程序"对话框，如图2-6所示。

图2-6 "磁盘碎片整理程序"对话框

（2）在上面的磁盘分区列表中选择一个磁盘分区。

（3）单击"分析磁盘"，若该磁盘分区需要碎片整理，则单击"磁盘碎片整理"按钮，否则选择另外的磁盘分区继续进行操作。

步骤三：磁盘清理程序的使用

（1）单击"开始"按钮，打开"开始"菜单，依次移动鼠标指针到"程序组"→"附件"→"系统工具"→"磁盘清理"选项，打开"选择驱动器"对话框，从中选择需要磁盘清理的分区,如(C:),单击"确定"按钮。

(2)在系统计算可以清理的空间后弹出如图2-7所示的"Windows 7_ OS(C:)的磁盘清理"对话框。

图2-7 "Windows 7_ OS(C:)的磁盘清理"对话框

(3)在"要删除的文件"列表中勾选"已下载的程序文件""Internet临时文件"和"回收站"等选项,单击"确定"按钮。

【思考与练习】

(1)通过"系统信息"窗口列出自己使用的电脑的硬件与软件详细配置信息,并与其他同学所使用的电脑配置进行比较,说出彼此之间相同与不同的地方。

(2)在"磁盘清理"对话框中,选择一个要删除的文件列表项后,单击"查看文件"按钮,了解要删除的文件信息。通过"其他选项"采取卸载程序与Windows组件以及删除还原点的方法达到清理磁盘空间的目的。

实验三:文件的管理

【实验目的】

(1)掌握文件夹的创建方法。
(2)掌握文件夹的复制、移动方法。
(3)掌握文件夹的删除方法。

【实验内容】

(1)在E盘创建"大学军训"和"喜欢的歌曲"两个文件夹。
(2)在"喜欢的歌曲"文件夹中新建"大陆""港台"两个文件夹。
(3)在"喜欢的歌曲"中创建Word文档,命名为"歌词"。

【实验步骤】

步骤一:新建文件夹

(1)双击"计算机"→选择"本地磁盘(E:)",单击右键在弹出的菜单中选择"新建"→"文件夹",命名为"大学军训"。

(2) 打开"计算机"→选择"本地磁盘（E:）"，在主菜单上单击"文件"→"新建"→"文件夹"，如图2-8所示，将此文件夹命名为"喜欢的歌曲"。

图 2-8　新建文件夹

(3) 双击"喜欢的歌曲"，打开文件夹，使用上面的方法建立两个文件夹，并分别命名为"大陆"和"港台"。

步骤二：新建文件

双击进入"喜欢的歌曲"文件夹，右击文件夹中空白处，在弹出的菜单中选择"新建"→"Microsoft Word 文档"，如图2-9所示，直接命名为"歌词"；或者右击该 Word 文档图标，在弹出的快捷菜单中选择"重命名"命令，重命名该文档。修改文件名时注意不能破坏原文件的类型。

图 2-9　新建 Word 文档

步骤三：选取文件和文件夹

(1) 选取单个文件或文件夹。要选定单个文件或文件夹，只需用鼠标单击所要选定的对象即可。

(2) 选取多个连续文件或文件夹。鼠标单击第一个所要选定的文件或文件夹，按住【Shift】键，再单击最后一个文件或文件夹；或者用鼠标拖动，绘制出一个选区，选中多个文件或文件夹。

(3) 选取多个不连续文件或文件夹。按住【Ctrl】键，再逐个单击要选中的文件或文件夹。

(4) 选取当前窗口全部文件或文件夹。使用主菜单"编辑"→"全部选中"命令；或使用组合键【Ctrl】+【A】完成全部选取的操作。

步骤四：复制、移动文件和文件夹

(1) 复制文件或文件夹。首先选定要复制的文件或文件夹，然后右击，在弹出的快捷菜单中选择"复制"命令。选定目标文件夹"大学军训"，单击主菜单"编辑"→"粘贴"或使用组合键【Ctrl】+【V】或右击选定对象选择"粘贴"。

也可使用鼠标实现"复制"操作,同一磁盘中文件或文件夹的复制则只需选中对象,按【Ctrl】键再拖动选定的对象到目标地即可;不同磁盘中的复制,可直接拖动选定的对象到目标地。

(2) 移动文件或文件夹。选定要剪切的文件或文件夹,单击主菜单"编辑"→"剪切"或者使用组合键【Ctrl】+【X】或右击选定对象选择"剪切";选定目标文件夹"大学军训",单击主菜单"编辑"→"粘贴"或使用组合键【Ctrl】+【V】或右击选定对象选择"粘贴"。

也可使用鼠标拖动的办法实现移动,同一磁盘中的移动,可直接拖动选定的对象到目标地;不同磁盘中的移动,可选中对象按【Shift】键再拖动到目标地。

步骤五:重命名文件和文件夹

(1) 选中要更名的文件或文件夹,右击,在弹出的菜单中选择"重命名"命令。

(2) 输入新名称,如"2012级新生军训照片"。

选中要更名的文件或文件夹,使用鼠标连续两次单击,输入新名称也可实现重命名。

步骤六:删除文件和文件夹

(1) 删除文件到"回收站"。单击文件"歌词.doc",然后单击鼠标右键,在右键菜单中选择"删除"按钮,或者单击文件"歌词.doc",直接按键盘上的【Del】或【Delete】键删除文件。在弹出的"确认文件删除"对话框中选择"是"完成删除,此时选择"否"则取消本次删除操作。

(2) 用同样的方法选中"大陆"和"港台"两个文件夹,删除文件夹。在弹出的"确认文件夹删除"对话框中单击"是"按钮即在原位置把文件夹"大陆"和"港台"删除并放入回收站,单击"否"则放弃删除操作。

(3) 删除文件和文件夹也可以利用任务窗格和拖曳法来实现。

步骤七:恢复被删除的文件

(1) 打开"回收站"。在桌面上双击"回收站"图标,打开"回收站"窗口。

(2) 还原被删除文件。在"回收站"窗口中选中要恢复的"歌词.doc"文件,单击"还原此项目",还原该文件。也可以右击选中的对象,在出现的快捷菜单中选择"还原"即可,如图2-10所示。

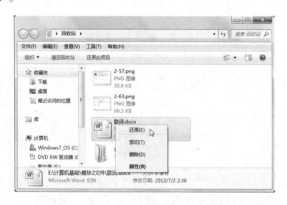

图2-10 右键还原操作

步骤八:彻底删除

在"回收站"中选中"港台"文件夹,右击,在出现的快捷菜单中选择"删除"即可。若要删除回收站中所有的文件和文件夹,则选择"清空回收站"命令。

模块三　文字处理软件——Word 2010

基础练习

一、填空题

1. _____是最简单和使用最普遍的一种信息的表现形式。
2. 文字处理，简单地说就是利用计算机中的文字处理软件对文字信息进行加工处理，其过程大体包括三个环节：_____、_____和_____。
3. Microsoft Word 是目前世界上应用最为广泛的_____软件，是创建办公文档最常用的软件之一。
4. Microsoft Excel 是一个专门_____的软件。
5. Microsoft PowerPoint 是目前用户快速创建专业_____的创作工具。
6. Word 中提供了常用的_____、_____、_____、_____和阅读版式等，分别适用于不同的文档处理工作。
7. 制作一个 Word 文档包括_____、_____、_____、_____和_____等步骤。
8. 在 Word 2010 中使用_____可以快速地制作出所需的文档，如传真、信函、简历和合同等。
9. 新建的 Word 2010 文档，在编辑区左上角会有一个不停闪烁的竖线，称为_____。
10. Word 2010 文档中文本的输入有_____或_____两种不同的状态。在_____状态下，输入字符插入在光标所在位置，原有的字符将自动往右移；在_____状态下，输入的字符将替换光标处原有的字符。
11. 在页面视图中，用户可以使用_____功能在文档的任一空白位置设置插入点。
12. 在 Word 2010 文档中，文字下面自动加上的红色或绿色的波浪下划线是用于提醒用户，此处可能有拼写或语法错误：红色波浪下划线表示是_____错误；绿色波浪下划线表示是_____错误。
13. 使用 Word 2010 处理文档，一般遵循_____的原则。
14. Word 2010 以_____纸为默认纸张，大小为 210 mm × 297 mm，页面方向为_____。
15. 段落的缩进指的是段落两侧与页边界的距离。设置段落缩进能够使文档更加清晰、易读。段落缩进有四种，分别为_____、_____、_____和_____。
16. 在拖动 Word 2010 文档中图片边框的过程中，如果按下_____键可以比较精细地调整图片的大小；按下_____键可以从对称的两个方向调整图片大小。
17. Word 2010 的"绘图"功能主要依靠_____工具栏来实现，在其提供的_____

列表中提供了多种类型，能够任意改变形状的自选图形。

二、选择题

1. 下列软件属于专业文字处理系统的是（　　）。
   A. 记事本　　　　　B. Microsoft Word　　　C. Page Maker　　　D. WPS Office
2. 在 Office 组件中，用来处理电子表格的软件是（　　）。
   A. PowerPoint　　　B. Outlook　　　　　　C. Excel　　　　　　D. Word
3. 如果需要创建一个用于课堂教学的幻灯片演示，可以使用（　　）软件完成。
   A. PowerPoint　　　B. Outlook　　　　　　C. Excel　　　　　　D. Word
4. 下列操作不能用于启动 Word 程序的是（　　）。
   A. 单击"开始"菜单中"所有程序"下 Office 组件中的 Word 选项
   B. 单击资源管理器中的 Word 文件
   C. 单击"文档"（我的最近文档）中的 Word 文档列表项
   D. 单击"开始"菜单中的"运行"命令，在编辑框中输入"winword"后回车
5. 下列操作不一定能执行退出 Word 程序的是（　　）。
   A. 单击 Word 程序标题栏右上角的关闭按钮
   B. 双击标题栏左侧的系统图标
   C. 单击"文件"菜单，选择其中的"退出"命令
   D. 按下【Alt】+【F4】组合键
6. 在 Word 2010 状态栏中不包含的选项是（　　）。
   A. 当前页为文档第几页　　　　　　B. 当前页码
   C. 操作提示信息　　　　　　　　　D. 当前插入点位置
7. 下列有关 Word 2010 工具栏描述正确的是（　　）。
   A. Word 2010 工具栏的数量是固定不变的
   B. 不显示的 Word 2010 工具栏将从 Word 2010 程序中删除
   C. 用户可以将一些自己常用的命令添加到显示的工具栏上
   D. 工具栏上的图标用户不能更改
8. 要快速以默认模板创建一 Word 2010 新空白文档，使用的组合键为（　　）。
   A. 【Ctrl】+【O】　　　　　　　　B. 【Ctrl】+【N】
   C. 【Ctrl】+【P】　　　　　　　　D. 【Ctrl】+【Alt】+【N】
9. 在 Word 2010 文档输入文本，如果不小心输入了一个错别字或字符，不能删除这个错别字或者字符的操作是（　　）。
   A. 在输入字符或错别字后，直接按退格键【Backspace】
   B. 在输入字符或错别字后，直接按删除键【Delete】或【Del】
   C. 将插入点移动到该字符或错别字前，按删除键【Delete】或【Del】
   D. 选择该字符或错别字，输入正确文字或字符
10. 在 Word 2010 文档中，文本的输入有"插入"或"改写"两种不同的状态，要改变这两种输入状态，可以通过按下（　　）键实现。
    A. 【Shift】　　　B. 【Caps Lock】　　　C. 【Ctrl】　　　D. 【Insert】

11. 在 Word 2010 编辑窗口中，按下【Ctrl】+【Home】组合键，执行的操作是（   ）。
    A. 将插入点移动到行尾　　　　　　　　B. 将插入点移动到文档开头
    C. 将插入点移动到行首　　　　　　　　D. 将插入点移动到页首
12. 如果只是需要换行，而不希望另起一段，应该在按下（   ）键的同时按下【Enter】键。
    A. 【Shift】　　　B. 【Alt】　　　C. 【Ctrl】　　　D. 【Ctrl】+【Shift】
13. 按下（   ）+【Enter】不能另起一页。
    A. 【Shift】　　　B. 【Alt】　　　C. 【Ctrl】　　　D. 【Ctrl】+【Shift】
14. 要快速保存当前对文档的编辑修改，使用的组合键为（   ）。
    A. 【Ctrl】+【O】　　　　　　　　　　B. 【Ctrl】+【N】
    C. 【Ctrl】+【P】　　　　　　　　　　D. 【Ctrl】+【S】
15. Word 2010 具有自动保存的功能，系统默认每隔（   ）min 自动保存一次当前文档。
    A. 5　　　　　　B. 10　　　　　C. 12　　　　　D. 20
16. 如果要同时关闭多个文档，可以按下（   ）键，将"文件"菜单中的"关闭"命令变成"全部关闭"命令，单击该命令可以关闭所有已打开的文档。
    A. 【Shift】　　　B. 【Alt】　　　C. 【Ctrl】　　　D. 【Ctrl】+【Shift】
17. 要快速打开 Word 2010 文件，可以使用组合键（   ）。
    A. 【Ctrl】+【N】　　　　　　　　　　B. 【Ctrl】+【O】
    C. 【Ctrl】+【P】　　　　　　　　　　D. 【Ctrl】+【S】
18. 在 Word 2010 中新建文档的工具栏按钮是（   ），打开文档的工具栏按钮是（   ），保存文档的工具栏按钮是（   ）。
    A. 　　　　　　B. 　　　　　　C. 　　　　　　D.
19. 在 Word 2010 文档中，将光标直接移动到本行行尾的组合键是（   ）。
    A. 【PgUp】　　　　　　　　　　　　　B. 【End】
    C. 【Ctrl】+【Home】　　　　　　　　D. 【Home】
20. 在 Word 2010 文档中，若不显示常用工具栏，则可通过（   ）菜单下的工具栏命令来实现显示。
    A. 工具　　　　　B. 视图　　　　C. 窗口　　　　D. 格式
21. 复制对象可单击工具栏中的（   ）按钮，粘贴对象可单击工具栏中的（   ）按钮。
    A. 　　　　　　B. 　　　　　　C. 　　　　　　D.
22. 在 Word 2010 文档中，单击工具栏中的（   ）按钮可以撤销当前的操作，单击工具栏中的（   ）按钮可以恢复撤销的操作。
    A. 　　　　　　B. 　　　　　　C. 　　　　　　D.
23. 在 Word 2010 文档的剪贴板中，最多可以储存（   ）次复制或剪切后的内容。
    A. 14　　　　　B. 12　　　　　C. 24　　　　　D. 20
24. 在 Word 2010 文档中编辑文本时，要选定一句话，可按住（   ）键，再单击句中的任意位置。
    A. 【Alt】　　　B. 【Ctrl】　　　C. 【Shift】　　　D. 【Ctrl】+【Shift】
25. 在 Word 2010 文档中编辑 Word 文本时，要选定矩形区域，可将鼠标移动到要选定的矩形区域左上角，按住（　　）键不放，再按住鼠标左键将鼠标指针拖到矩形右下角即可。

  A.【Alt】   B.【Ctrl】   C.【Shift】   D.【Ctrl】+【Shift】

26. 在 Word 2010 文档中编辑文本时，要打开扩展方式选定文本，应该按下（　　）键。

  A.【F2】   B.【F8】   C.【Shift】   D.【Ctrl】+【Shift】

27. 在 Word 2010 文档中，要撤销当前已经执行的操作，应该使用组合键（　　）。

  A.【Alt】+【Z】   B.【Ctrl】+【Y】

  C.【Ctrl】+【Z】   D.【Ctrl】+【H】

28. 在 Word 2010 文档中，要恢复当前被撤消的操作，应该使用组合键（　　）。

  A.【Alt】+【Z】   B.【Ctrl】+【Y】

  C.【Ctrl】+【Z】   D.【Ctrl】+【H】

29. 在 Word 2010 文档中，用于打开"查找与替换"对话框的组合键为（　　）。

  A.【Alt】+【F】   B.【Ctrl】+【F】

  C.【Ctrl】+【R】   D.【Ctrl】+【I】

30. 下列关于 Word 2010 文档中页面设置说法错误的是（　　）。

  A. Word 默认纸张为 A4 纸，如要使用其他纸张打印一般需要重新设置

  B. 用 Word 编排的文档只能使用 A4、B5、16 开和 32 开等纸张打印

  C. 页边距可用来调整文档内容与纸张边界的距离

  D. 使用"页面设置"中的"方向"设置改变纸张输出方向

31. 在 Word 2010 文档中，显示方式与最终打印效果基本上没有差别的视图是（　　）。

  A. 普通视图 B. Web 版式视图 C. 大纲视图 D. 页面视图

32. 在 Word 2010 文档中，如果对某些字符格式设置不满意，按（　　）组合键，可以取消文档中选中段落的所有字符排版格式。

  A.【Ctrl】+【Shift】+【Z】   B.【Ctrl】+【Shift】+【Y】

  C.【Ctrl】+【Z】   D.【Ctrl】+【Alt】+【Z】

33. 在 Word 2010 文档中，如果要精确设置制表位，可先按下（　　）键，然后在标尺上拖动鼠标。

  A.【Ctrl】   B.【Alt】   C.【Ctrl】+【Alt】   D.【Shift】

34. 下列关于 Word 2010 文档中打印预览的说法错误的是（　　）。

  A. 打印预览可以查看文档最终的打印效果

  B. 如果发现有什么问题，可从打印预览视图中返回至编辑窗口再进行相应的编辑修改

  C. Word 2010 文档中的页面视图与打印预览视图显示的效果几乎完全一样，因此页面视图也可作打印预览视图使用

  D. 打印预览视图只能用于文档打印效果的查看，不能执行任何编辑操作

35. 在 Word 2010 文档中，复制文本排版格式可以单击工具栏中的（　　）按钮。

  A.   B.   C.   D.

36. 在 Word 2010 文档中，"100M^2"中"2"的格式是（　　）。

  A. 下标   B. 位置提升的结果

  C. 上标   D. 字符缩放的结果

37. 在 Word 2010 文档中，下列描述正确的是（　　）。

  A. Word 2010 文档中只能插入保存在"剪贴画"库中的图片

B. 对于插入到 Word 2010 文档中的图片大小不能任意改变

C. 插入到 Word 2010 文档中的图片可以通过裁剪只显示图片的部分内容

D. Word 中的图片通过裁剪没有显示的内容被 Word 删除了

38. 下列有关于 Word 2010 文档中图形功能描述错误的是（　　）。

A. 默认状态下，绘制图形时会出现一个标有"在此处创建图形"的绘图画布

B. 在出现绘图画布时，不能在画布区域外绘制图形

C. 在拖动鼠标绘制直线的同时按住【Shift】键，可以绘制出水平或垂直的线条

D. 对于绘制的图形，可以通过控制点调整其形状

39. 下列不属于组织结构图中的图框名称的是（　　）。

A. 下属　　　　　　B. 助手　　　　　　C. 同事　　　　　　D. 上司

40. 在 Word 文档中的图形对象上出现绿色控制点时，其作用是（　　）。

A. 调整图形的大小　　　　　　B. 调整图形的角度

C. 调整图形的位置　　　　　　D. 改变图形的形状

41. 有关于"文本框"描述错误的是（　　）。

A. 它实际上是一种可移动的、大小可调的文字容器

B. "文本框"可以像图形一样进行排版和调整位置

C. "文本框"中不能放入图片

D. "文本框"中的文字可以改变显示方向

42. 下列有关于"艺术字"描述错误的是（　　）。

A. "艺术字"就是 Word 2010 中有特殊效果的文字

B. 对于"艺术字"样式在选择好后不能更改

C. 对于"艺术字"的形状在选择好后可以更改

D. "艺术字"文字的"字体""颜色"和"阴影"等全部可以由用户自行修改

43. 下列有关 Word 2010 文档中表格描述错误的是（　　）。

A. 在 Word 2010 文档中可以通过菜单命令和工具栏命令插入表格

B. 在 Word 2010 文档中插入的表格的行、列数是固定的

C. 对于插入的表格可以按照需要调整其行宽和列高

D. 对于 Word 2010 文档中表格的数据也可以进行计算得到需要的数据

44. 在表格和边框工具栏中，（　　）是合并单元格工具按钮，（　　）是擦除表格线工具按钮，（　　）是绘制表格工具按钮，（　　）是设置边框颜色工具按钮。

A. 　　　　　B. 　　　　　C. 　　　　　D.

E. 　　　　　F. 　　　　　G.

45. 在 Word 2010 文档中，若想用鼠标在表格中选中一个列，可将鼠标指针移到该列的（　　），然后单击鼠标。

A. 顶部　　　　　　B. 底部　　　　　　C. 左边　　　　　　D. 右边

46. 在 Word 2010 文档中有关于"分页"描述错误的是（　　）。

A. 当文字或图形填满一页时，Word 2010 文档中会插入一个自动分页符并开始新的一页

B. 用户可以在需要分页的位置插入手动分页符，进行人工分页

C. 手工插入的分页符不能删除

D. 用户也可以通过添加空行的方式进行人工分页

47. 在 Word 2010 文档中有关于"首字下沉"描述错误的是（　　）。

A. 设置"首字下沉"后，效果将出现在当前插入点所在的段落前面

B. "首字下沉"的首字实质上就是一个文本框

C. "首字下沉"的首字内容不能改变

D. "首字下沉"的首字可以改变内容、位置和任意设置格式

48. 在 Word 2010 文档中有关于"页眉页脚"描述错误的是（　　）。

A. 在"页眉页脚"位置中可以插入页码

B. 在"页眉页脚"位置中显示的内容可以像文档内容编辑窗口一样进行格式设置

C. 在"页眉页脚"位置中不能插入图片

D. 可以对"页眉页脚"位置的内容添加边框和底纹

49. 在 Word 2010 文档中有关于"分栏"描述错误的是（　　）。

A. 在一个页面中可以对不同内容设置不同的分栏

B. 在 Word 2010 文档中对于一个页面最多可以分成 3 栏

C. 对于两栏之间可以添加分隔线将内容分开

D. 用户可以自己控制分栏中每栏所占的宽度

50. 在 Word 2010 文档中有关于"样式"描述错误的是（　　）。

A. 所谓"样式"，指的是被命名并保存的一组可以重复使用的格式

B. 使用"样式"可以快速将很多不同的内容设置为相同的格式

C. 使用"样式"可以一次性完成整篇文档相同格式内容的更改

D. 用户自己不能创建"样式"，只能使用 Word 2010 文档中包含的"样式"

51. 在 Word 2010 文档中有关于"页码"描述正确的是（　　）。

A. Word 2010 文档中插入的页码的起始页面都是从 1 开始

B. Word 2010 文档中的页码只能是阿拉伯数字

C. Word 2010 文档中的页码只能显示在页面的下方

D. 在 Word 2010 文档中可以任意控制每个页面是否显示页码

52. 在 Word 2010 文档中，打印预览工具按钮是（　　），打印工具按钮是（　　）。

A. 　　　　　B. 　　　　　C. 　　　　　D.

53. 打印第 3～第 5 页、第 10 页、第 12 页，表示的方式是（　　）。

A. 3－5，10，12　　B. 3/5，10，12　　C. 3－6、10、12　　D. 2/5、10、12

三、简答题

1. 在 Word 2010 文档中命令的执行方式有哪些？

2. 创建 Word 2010 文档的方式有哪些？各有什么特点？

3. 应该如何保存文档？如果希望在操作过程中让 Word 2010 程序自动保存编辑修改后的结果，应该如何设置？

4. 在 Word 2010 文档中，为了文档编辑和阅读的方便，文档的编辑区域提供了哪些视图方式？各类视图分别具有哪些特点？

5. 在 Word 2010 文档中，对于插入的图片可以更改哪些属性？应该如何更改？
6. 在 Word 2010 文档中插入表格的方法有哪几种？各有什么特点？

上机实验与实训

实验一：撰写自荐信

【实验目的】

（1）掌握 Word 2010 文档中新建和保存等基本操作。
（2）掌握 Word 2010 文档中文本的录入和简单编辑。
（3）掌握 Word 2010 文档中字体格式的设置。
（4）掌握 Word 2010 文档中段落格式的设置。

【实验内容】

（1）新建 Word 2010 文档。
（2）输入文字并设置文字格式。
（3）设置段落格式。

【实验步骤】

步骤一：新建一个空白文档

在桌面的空白处右击，在弹出的快捷菜单中选择"新建"→"Microsoft Word 文档"命令，这时在桌面上出现一个"新建 Microsoft Word 文档"的图标，双击该图标，创建一个新的 Word 文档。输入如图 3-1 所示自荐信文字内容。

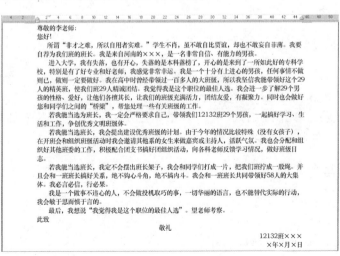

图 3-1 输入自荐信文字

步骤二：设置文档字体格式

在"开始"面板中的"字体"工具组中通过文字的基本格式设置按钮进行格式化设置，如图 3-2 所示。

图 3-2　设置文字格式

步骤三：设置文档段落格式

(1) 设置对齐格式。在"开始"面板的"段落"选项组中有 5 种对齐方式，分别是"文本左对齐""居中""文本右对齐""两端对齐"和"分散对齐"，正文选择"两端对齐"，最后两行落款选择"文本右对齐"。

(2) 设置正文缩进。选中全部正文文档，单击"段落"工具组右下角的对话框启动器，弹出"段落"对话框，选择"缩进和间距"选项卡中"特殊格式"列表下的"首行缩进"选项，"磅值"处选择"2 字符"，单击"确定"按钮即可，如图 3-3 所示。

图 3-3　设置正文首行缩进

步骤四：文档保存

文本编辑完成后，单击"文件"→"另存为"，弹出"另存为"对话框，将"文件名"处改为"自荐信"，单击"保存"完成。

实验二：撰写个人简历

【实验目的】

(1) 掌握对文档进行页面设置的方法。

(2) 学会在 Word 2010 中插入表格。

(3) 掌握表格的基本操作及美化。

【实验内容】

（1）插入表格，使用表格的形式撰写个人简历。

（2）按照需要对表格单元格进行合并、拆分以及调整行高和列宽等操作。

【实验步骤】

步骤一：插入表格

将光标定位在要创建表格的位置，单击"插入"面板中"表格"下拉菜单中的"插入表格"命令，将会看到如图 3-4 所示的"插入表格"对话框。在表格下面对应的位置输入需要的行数（14）和列数（3），然后单击"确定"按钮。这样就在文档中插入了一个 14 行 3 列的表格。

图 3-4　"插入表格"对话框

步骤二：改变行高

（1）选定整个表格，打开"表格"菜单，选择"表格属性"命令，弹出如图 3-5 所示的"表格属性"对话框。

图 3-5　"表格属性"对话框

（2）切换到"行"选项卡，选中"指定行高"复选框，将行高设定为固定值"1.5 厘米"。

步骤三：合并单元格

选定第一行，单击"合并"工具组中的"合并单元格"按钮即可完成单元格的合并，结果如图 3-6 所示。

步骤四：改变单元格大小

（1）选定想要调整列宽的单元格，将鼠标指针移动到单元格边框线上，当鼠标指针变成 ↔ 时，按住鼠标左键出现一条垂直的虚线，表示改变单元格的大小。按住鼠标左键不放，向左、向右拖动即可改变表格列宽。

（2）重复上一步操作，将表格调整成如图3－7所示样式。

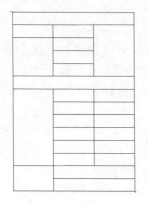
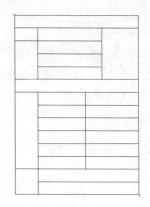

图3－6　合并后的单元格　　　　　　　图3－7　调整单元格大小后样式

步骤五：拆分表格

（1）选定第2行第2列的单元格，打开"表格"菜单，选择"拆分单元格"命令，将弹出"拆分单元格"对话框，如图3－8所示。

（2）在"拆分单元格"对话框中的"列数"和"行数"文本框中输入相应的数字，然后单击"确定"按钮，效果如图3－9所示。

（3）重复（2）继续拆分表格，并调整单元格大小，结果如图3－10所示。填充上文字，完成个人简历一览表的制作。

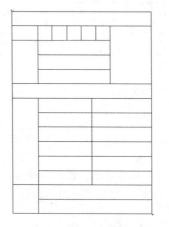
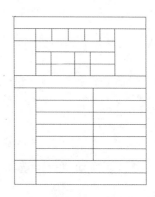

图3－8　"拆分单元格"对话框　　　图3－9　拆分单元格后效果　　　图3－10　调整完毕的单元格形式

实验三：制作个人简历封面

【实验目的】

（1）学会并熟练运用在 Word 2010 文档中插入图片及其格式的设置。
（2）学会并熟练运用在 Word 2010 文档中插入艺术字的操作。
（3）学会并熟练运用"首字下沉"命令。

【实验内容】

（1）在文档中插入图片，并调整其格式。
（2）将标题用艺术字体现。
（3）用特殊格式体现文字。

【实验步骤】

步骤一：在空白文档上加入学校照片以及校徽
（1）切换到"插入"面板，执行"插图"工具组下的"图片"命令，弹出"插入图片"对话框，如图 3 – 11 所示。
（2）选择"校园"及"校徽"图片，将其插入到页面中，如图 3 – 12 所示。

图 3 – 11 "插入图片"对话框

图 3 – 12 插入图片

步骤二：插入艺术字
（1）单击"插入"面板"文本"中的"艺术字"选项，选择一种艺术字格式，如图 3 – 13 所示。在其中选择一种艺术字字体，在文本中即插入一个文本框。在文本框中输入"2010 届优秀毕业生"，并将字体设为"楷体"，字号设为"40"。
（2）重复上一操作过程，插入"自荐书"艺术字，并调整艺术字的位置。效果如图 3 – 14 所示。

图 3-13　艺术字库选项框　　　　图 3-14　插入艺术字效果

步骤三：输入个人信息

在空白区域输入"姓名/""学校/""专业/"和"毕业时间/"，并将字体设为"华文行楷"，字号设为"二号"。最终效果如图 3-15 所示。

步骤四：绘制图形

（1）单击"插入"面板"插图"中的"形状"选项，在弹出的列表中选择圆形，如图 3-16 所示，在文档中拖动绘制出一个圆。

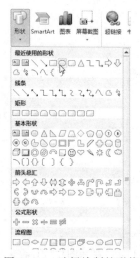

图 3-15　输入个人信息　　　　图 3-16　选择绘制的形状

（2）重复上述步骤，绘制另一个比较小一些的圆与上一个圆内切。

（3）选中小圆，单击"格式"面板上"形状填充"按钮，选择"其他填充颜色"选项，弹出"颜色"对话框，选择"自定义"标签。设置"颜色模式"为"RGB"，红色"123"，绿色"160"，蓝色"205"，单击确定。

（4）设置另一个圆填充颜色为"RGB、红色'211'、绿色'223'、蓝色'238'"。

（5）调整两个圆的位置关系，按住【Shift】键，同时选中两个圆，单击右键，选择"组合"。将三个圆组合成一个整体图形，如图 3-17 所示。

（6）按照上述方法，再绘制两个由两个圆组成的组合图形，并分别调整好相应的位置。

(7) 利用"形状"列表中的"直线"工具，绘制出一根直线，设置颜色为"RGB、红色'167'、绿色'191'、蓝色'222'"，并调整好位置。最终效果图如图 3－18 所示。

图 3－17　组合　　　　　　　　　图 3－18　最终效果

实验四：制作试卷

【实验目的】

（1）熟练运用页眉页脚设置。
（2）熟练运用页面设置。
（3）熟练运用段落的设置和段落的分栏。
（4）掌握公式的输入。

【实验内容】

制作试卷，最终效果如图 3－19 所示。

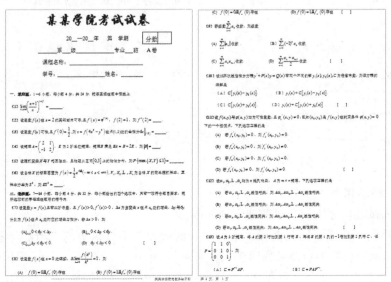

图 3－19　试卷专用纸

【实验步骤】

步骤一：页面设置

新建一个空白文档，将功能区切换到"页面布局"面板，单击"页面设置"选项组中的"页边距"，在弹出的列表中选择"自定义边距"命令，如图3-20所示。设置"纸张"中的"纸张大小"为"A3"；设置"页边距"和"上""下""右"边距均为"2厘米"，由于左侧要装订，因此左边距设为"4厘米"，"纸张方向"设为"横向"，如图3-21所示。

图3-20　自定义边距　　　　　　　　图3-21　设置页边距

步骤二：输入试卷信息

（1）输入"某某学院考试试卷"以及学年、学期、专业班级、课程名称、姓名和学号等信息。如图3-22所示。

（2）在学年、学期后绘制一文本框，输入"分数"，字体为"宋体"，字号为"小二"。在"分数"后绘制一"竖线"，并将竖线与文本框结合，如图3-23所示。

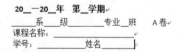 

图3-22　输入试卷信息　　　　　　　图3-23　绘制分数框

步骤三：输入试卷内容并分栏

（1）输入试卷全部内容，然后选中全部内容。

（2）切换到"页面布局"面板，单击"页面设置"工具组中的"分栏"按钮，在弹出的列表中选择两栏，分栏后效果如图3-24所示。

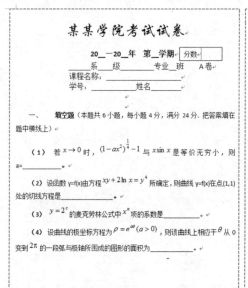

图 3-24 分栏后效果

步骤四：制作边框

选中"插入"面板"插图"中"形状"选项列表中的"矩形"，绘制两个"矩形"，将左右两栏的文字框住，并将"矩形"线条颜色设为"灰色—50%"，线型的"宽度"设为"1.5 磅"，填充设为"无填充"。单击"关闭"按钮，效果如图 3-25 所示。

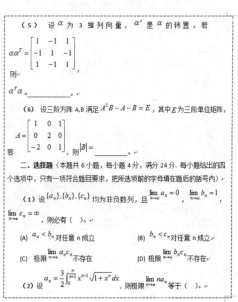

图 3-25 加边框后效果

步骤五：设置个性化页脚

（1）双击页眉处，弹出"页眉和页脚"工具栏，将其切换到页脚位置。

（2）输入"某某学院统招教务处印制"，并将其调整到左侧边框右下角位置，单击"设计"面板中的"页码"按钮,选择"普通数字"的"X/Y",如图 3-26 所示。然后输入文字,使页码形式为"共　页,第　页"。单击关闭按钮,效果如图 3-27 所示。

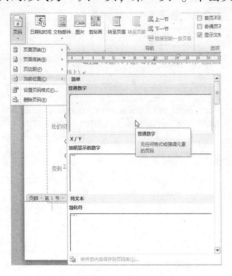

图 3-26　执行插入页码命令

图 3-27　加入个性化页脚效果

步骤六:加入水印

(1)单击"页面布局"面板中的"页面背景"选项组里的"水印",在弹出的列表(见图 3-28)中选择"自定义水印"。

(2)在弹出的"水印"对话框中选择"文字水印",然后输入水印文字为"某某学院统招教务处印制",如图 3-29 所示。

图 3-28　选择水印模式

图 3-29　"水印"对话框

(3) 单击"确定"按钮,效果如图 3-30 所示。

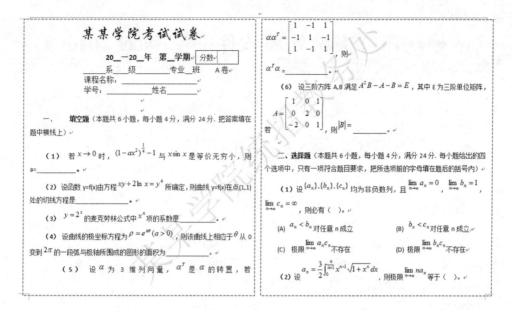

图 3-30 水印效果

模块四 表格处理软件——Excel 2010

习题精选

一、选择题

1. Excel 2010 环境中，用来储存并处理工作表数据的文件，称为（　　）。
   A. 单元格　　　B. 工作区　　　C. 工作簿　　　D. 工作表

2. Excel 2010 可同时打开的工作簿数量为（　　）。
   A. 256　　　　　　　　　　　　B. 任意多
   C. 512　　　　　　　　　　　　D. 受可用内存和系统资源的限制

3. Excel 2010 中处理并存储数据的基本工作单位是（　　）。
   A. 工作簿　　　B. 工作表　　　C. 单元格　　　D. 活动单元格

4. 在 Excel 2010 的一个工作簿中，系统约定的工作表数是（　　）。
   A. 8　　　　　　B. 16　　　　　C. 3　　　　　　D. 任意多

5. 在 Excel 2010 工作表中，可选择多个相邻或不相邻的单元格或单元格区域，其中活动单元格的数目是（　　）。
   A. 被选中的单元格数　　　　　　B. 任意多个
   C. 被选中的区域数　　　　　　　D. 1 个单元格

6. 一个 Excel 2010 工作表的大小为 65 536 行乘以（　　）列。
   A. 200　　　　　B. 256　　　　C. 300　　　　　D. 456

7. Excel 2010 的主要功能是（　　）。
   A. 电子表格制作、文字处理和数据库管理
   B. 电子表格制作、网络通信和图表处理
   C. 工作簿、工作表和单元格
   D. 电子表格制作、数据库管理和图表处理

8. 全选按钮位于 Excel 2010 工作表窗口的（　　）。
   A. 工具栏中　　　　　　　　　　B. 左上角，行号和列标在此汇合
   C. 编辑栏中　　　　　　　　　　D. 底部，状态栏中

9. Excel 2010 工作簿中既有一般工作表又有图表，当选择"文件"中的"保存"命令时，Excel 2010 将（　　）。
   A. 只保存其中的工作表
   B. 只保存其中的图表

C. 工作表和图表保存到同一个文件中
D. 工作表和图表保存到不同文件中

10. 打开 Excel 2010 工作簿一般是指（　　）。
A. 把工作簿内容从内存中读出，并显示出来
B. 为指定工作簿开设一个新的、空的文档窗口
C. 把工作簿的内容从外存储器读入内存，并显示出来
D. 显示并打印指定工作簿的内容

11. 在 Excel 2010 工作表的单元格内输入日期时，年、月、日分隔符可以是（　　）。
A. "/" 或 "-"　　　　　　　　B. "." 或 "|"
C. "/" 或 "\"　　　　　　　　D. "\" 或 "-"

12. 在 Excel 2010 工作表中，当用户希望使标题位于表格中央时，可以使用对齐方式中的（　　）命令。
A. 置中　　　B. 合并及居中　　　C. 分散对齐　　　D. 填充

13. 在 Excel 2010 中，若对某工作表重新命名，可采用（　　）。
A. 单击工作表选项卡　　　　　B. 双击工作表选项卡
C. 单击表格标题栏　　　　　　D. 双击表格标题栏

14. 在 Excel 2010 中，不可作为数字描述使用的字符是（　　）。
A. e 或 E　　　B. %　　　C. f 或 F　　　D. /

15. 在 Excel 2010 工作表单元格中输入合法的日期，下列输入中不正确的是（　　）。
A. 4/18/99　　　　　　　　B. 1999 - 4 - 18
C. 4，18，1999　　　　　　D. 1999/4/18

16. 在 Excel 2010 工作表单元格中输入字符型数据 5118，下列输入中正确的是（　　）。
A. ' 5118　　　B. " 5118　　　C. " 5118"　　　D. ' 5118 '

17. 如果要在单元格中输入当前的日期，需按（　　）组合键。
A.【Ctrl】+【;】　　　　　　B.【Ctrl】+【Enter】
C.【Ctrl】+【:】　　　　　　D.【Ctrl】+【Tab】

18. 如果要在单元格中输入当前的时间，需按（　　）组合键。
A.【Ctrl】+【Shift】+【;】　　B.【Ctrl】+【Shift】+【Enter】
C.【Ctrl】+【Shift】+【,】　　D.【Ctrl】+【Shift】+【Tab】

19. 如果要在单元格中输入硬回车，需按（　　）组合键。
A.【Ctrl】+【Enter】　　　　B.【Shift】+【Enter】
C.【Tab】+【Enter】　　　　D.【Alt】+【Enter】

20. 设 A1 单元格中有公式 = SUM（B2：D5），在 C3 单元格插入一列，再删除一行，则 A1 中的公式变为（　　）。
A. = SUM（B2：E4）　　　　B. = SUM（B2：E5）
C. SUM（B2：D3）　　　　　D. = SUM（B2：E3）

21. 假定单元格内的数字为 2002，将其格式设定为 "#，##0.00"，则将显示为（　　）。
A. 2，002.00　　　B. 2.002　　　C. 2，002　　　D. 2002.0

22. 在 Excel 2010 工作表中可同时在多个单元格中输入相同数据，此时首先选定需要输入数据的单元格（选定的单元格可以是相邻的，也可以是不相邻的），键入相应数据，然后按（　　）键。

　　A.【Enter】　　　　　　　　　　B.【Ctrl】+【Enter】
　　C.【Tab】　　　　　　　　　　　D.【Ctrl】+【Tab】

23. 单元格 A1 为数值 1，在 B1 输入公式：=IF（A1>0," Yes"," No"），结果 B1 为（　　）。

　　A. Yes　　　　B. No　　　　C. 不确定　　　　D. 空白

24. 某个 Excel 2010 工作表 C 列所有单元格的数据是利用 B 列相应单元格数据通过公式计算得到的，此时如果将该工作表 B 列删除，那么此操作对 C 列（　　）。

　　A. 不产生影响

　　B. 产生影响，但 C 列中的数据正确无误

　　C. 产生影响，C 列中数据部分能用

　　D. 产生影响，C 列中的数据失去意义

25. 某个 Excel 2010 工作表 C 列所有单元格的数据是利用 B 列相应单元格数据通过公式计算得到的，在删除工作表 B 列之前，为确保 C 列数据正确，必须进行（　　）。

　　A. C 列数据复制操作　　　　　　B. C 列数据粘贴操作
　　C. C 列数据替换操作　　　　　　D. C 列数据选择性粘贴操作

26. 若要设置口令来保护 Excel 2010 的工作簿，需在（　　）下拉菜单中选择"保护"命令。

　　A. 文件　　　　B. 编辑　　　　C. 插入　　　　D. 工具

27. 单元格右上角有一个红色三角形，意味着该单元格（　　）。

　　A. 被插入批注　　B. 被选中　　C. 被保护　　D. 被关联

28. Excel 2010 提供的图表大致可以分为嵌入图表和（　　）。

　　A. 柱形图图表　　B. 条形图图表　　C. 折线图图表　　D. 图表工作表

29. 在 Excel 2010 中关于创建图表说法错误的是（　　）。

　　A. 创建图表除了嵌入图表和图表工作表之外，还可手工绘制

　　B. 嵌入图表是将图表与数据同时置于一个工作表内

　　C. 图表工作表与数据分别安排在两个工作表中，故又称为图表工作表

　　D. 图表生成之后，可以对图表类型、图表元素等进行编辑

30. Excel 2010 提供的图表类型有标准型和（　　）。

　　A. 柱形图　　　B. 自定义类型　　C. 条形图　　　D. 折线图

31. Excel 2010 中的数据库属于（　　）数据模型。

　　A. 层次　　　　B. 网状　　　　C. 关系　　　　D. 结构化

32. 在 Excel 2010 中创建嵌入图表，除了用工具栏中的"图表向导"外，还可使用（　　）。

　　A."默认图表"按钮　　　　　　　B."图表"下拉菜单
　　C."数据"下拉菜单　　　　　　　D."插入"下拉菜单

33. 在 Excel 2010 中，对数据表做分类汇总前必须要先（　　）。

　　A. 按任意列排序　　　　　　　　B. 按分类列排序

C. 进行筛选操作　　　　　　　　D. 选中分类汇总数据

34. 若要打印出工作表的网格线，应在"页面设置"对话框中选择"工作表"选项卡，然后选中（　　）复选按钮。

A. 网格线　　　B. 单色打印　　　C. 按草稿方式　　　D. 行号列标

35. 在 Excel 2010 工作表的某个单元格中输入文字，若要文字能自动换行，可利用"单元格格式"对话框中的（　　）选项卡，选择"自动换行"。

A. 数字　　　B. 对齐　　　C. 图案　　　D. 保护

36. 在 Excel 2010 工作表中，利用填充柄可以将数据复制到相邻单元格中，若选择含有数值的左右相邻的两个单元格，左键拖动填充柄，则数据将以（　　）填充。

A. 等差数列　　　　　　　　B. 等比数列
C. 左单元格数值　　　　　　D. 右单元格数值

37. 在 Excel 2010 工作表中，运算符"&"表示（　　）。

A. 逻辑值的与运算　　　　　B. 子字符串的比较运算
C. 数值型数据的无符号相加　D. 字符型数据的连接

38. 在 Excel 2010 工作表中，当公式中出现被零除的现象时，产生的错误值是（　　）。

A. #N/A!　　　B. #DIV/0!　　　C. #NUM!　　　D. #VALUE!

39. 要在 Excel 2010 工作表公式中使用某个单元格的数据时，应在公式中键入该单元格的（　　）。

A. 格式　　　B. 附注　　　C. 条件格式　　　D. 名称

40. Excel 2010 工作表中公式复制时，为使公式中的（　　），必须使用绝对地址（引用）。

A. 单元格地址随新位置而变化
B. 范围随新位置而变化
C. 范围不随新位置而变化
D. 范围大小随新位置而变化

41. 在 Excel 2010 工作表的数据清单中，若根据某列数据对数据清单进行排序，则可以利用工具栏上的"降序"按钮，下列操作不正确的是（　　）。

A. 选取该列数据
B. 选取整个数据清单
C. 单击该列数据中任一单元格
D. 单击数据清单中任一单元格

42. 在 Excel 2010 工作表的数据清单中，按某一字段内容进行归类，并对每一类作出统计的操作是（　　）。

A. 分类排序　　　B. 分类汇总　　　C. 筛选　　　D. 记录单处理

43. 在 Excel 2010 中，一张工作表也可以直接当数据库工作表使用，此时要求表中每一行为一个记录，且要求第一行为（　　）。

A. 该批数据的总标题　　　　B. 公式
C. 记录数据　　　　　　　　D. 字段名

44. 在 Excel 2010 中，清除和删除的意义：（　　）。

A. 完全一样

B. 清除是指对选定的单元格和区域内的内容作清除，单元格依然存在；而删除则是将选定的单元格和单元格内的内容一并删除

C. 删除是指对选定的单元格和区域内的内容作清除，单元格依然存在；而清除则是将选定的单元格和单元格内的内容一并删除

D. 清除是指对选定的单元格和区域内的内容作清除，单元格的数据格式和附注保持不变；而删除则是将单元格和单元格数据格式和附注一并删除

45. 在 Excel 2010 中，关于公式"Sheet2！A1＋A2"表述正确的是（ ）。

A. 将工作表 Sheet2 中 A1 单元格的数据与本表单元格 A2 中的数据相加

B. 将工作表 Sheet2 中 A1 单元格的数据与单元格 A2 中的数据相加

C. 将工作表 Sheet2 中 A1 单元格的数据与工作表 sheet2 中单元格 A2 中的数据相加

D. 将工作表中 A1 单元格的数据与单元格 A2 中的数据相加

46. 在 Excel 2010 中，公式"＝SUM（B2，C2：E3）"的含义是（ ）。

A. ＝B2＋C2＋C3＋D2＋D3＋E2＋E3

B. ＝B2＋C2＋E3

C. ＝B2＋C2＋C3＋E2＋E3

D. ＝B2＋C2＋C3＋D2＋D3

47. 在 Excel 2010 工作表中，A5 单元格的值是 A3 单元格值与 A4 单元格值之和的负数，则公式可写为（ ）。

A. A3＋A4　　　　B. －A3－A4　　　C. ＝A3＋A4　　　D. －A3＋A4

48. 在 Excel 2010 中，可以同时复制选定的数张工作表，其方法是选定一个工作表，按下【Ctrl】键选定多个不相邻的工作表，然后放开【Ctrl】键将选定的工作表沿选项卡拖动到新位置，松开鼠标左键，如果选定的工作表并不相邻，那么复制的工作表（ ）。

A. 仍会一起被插入到新位置

B. 不能一起被插入到新位置

C. 只有一张工作表被插入到新位置

D. 出现错误信息

49. 在 Excel 2010 中，公式"COUNT（C2：E3）"的含义是（ ）。

A. 计算区域"C2：E3"内数值的和

B. 计算区域"C2：E3"内数值的个数

C. 计算区域"C2：E3"内字符个数

D. 计算区域"C2：E3"内数值为 0 的个数

50. 在 Excel 2010 工作表的升序排序中，如果由某一列来作排序，那么在该列上有完全相同项的行将（ ）。

A. 保持它们的原始次序　　　　　　B. 逆序排列

C. 显示出错信息　　　　　　　　　D. 排序命令被拒绝执行

51. 在 Excel 2010 中，运算符的作用是（ ）。

A. 用于指定对操作数或单元格引用数据执行何种运算

B. 对数据进行分类

C. 将数据的运算结果赋值

D. 在公式中必须出现的符号，以便操作

52. 在 Excel 2010 工作表中，用鼠标拖曳复制数据和移动数据在操作上（　　）。

A. 有所不同，区别是：复制数据时要按住【Ctrl】键

B. 完全一样

C. 有所不同，区别是：移动数据时要按住【Ctrl】键

D. 有所不同，区别是：复制数据时要按住【Shift】键

53. Excel 2010 工作表区域"A2：C4"中有（　　）个单元格。

A. 3　　　　　　B. 6　　　　　　C. 9　　　　　　D. 12

54. 在 Excel 2010 中，拆分工作表的目的是（　　）。

A. 把一个大的工作表分成两个或多个小的工作表

B. 把工作表分成多个，以便于管理

C. 使表的内容分开，分成明显的两部分

D. 当工作表很大时，用户可以通过拆分工作表的方法看到工作表的不同部分

55. 在 Excel 2010 工作表中，单元格文本数据缺省的水平对齐方式为（　　）。

A. 靠左对齐　　　B. 靠右对齐　　　C. 居中对齐　　　D. 两端对齐

56. Excel 2010 工作表执行"升序"命令时，在排序列中有空白单元格的行将（　　）。

A. 不被排序

B. 保持原始次序

C. 放置在排序的数据清单最前

D. 放置在排序的数据清单最后

57. 在 Excel 2010 工作表中，当前单元格的填充柄在其（　　）。

A. 左上角　　　B. 右上角　　　C. 左下角　　　D. 右下角

58. 下列不属于 Excel 2010 工作表基本功能的是（　　）。

A. 文字处理　　　　　　　　B. 强大的计算功能

C. 表格制作　　　　　　　　D. 丰富的图表和数据管理

59. 在 Excel 2010 工作表中，可通过（　　）菜单中的"单元格"选项来改变数字的格式。

A. 编辑　　　　　B. 视图　　　　　C. 格式　　　　　D. 工具

60. 在 Excel 2010 中建立图表后，可以对图表进行改进，在图表上不能进行的改进是（　　）。

A. 显示或隐藏 XY 轴的轴线

B. 改变图表各部分的比例，引起工作表数据的改变

C. 为图表添加边框和背景

D. 为图表添加标题或为坐标轴添加标题

61. 在 Excel 2010 工作表中筛选后的清单仅显示那些包含了某一特定值或符合一组条件的行，而其他行（　　）。

A. 暂时隐藏　　　　　　　　B. 被删除

C. 被改变　　　　　　　　　D. 暂时放在剪贴板上，以便恢复

62. 在 Excel 2010 中，工作表和工作簿的关系是（　　）。

　　A. 工作表即是工作簿

　　B. 工作簿中可包含多张工作表

　　C. 工作表中包含多个工作簿

　　D. 两者无关

63. 在 Excel 2010 默认建立的工作簿中，用户对工作簿（　　）。

　　A. 可以增加或删除

　　B. 不可以增加或删除

　　C. 只能增加

　　D. 只能删除

64. 在 Excel 2010 工作表数据清单中，按某一字段内容进行归类，并对每一类作出统计的操作是（　　）。

　　A. 分类排序　　　B. 分类汇总　　　C. 筛选　　　D. 记录单处理

65. 在 Excel 2010 工作表中，设 E 列单元格用以存放工资总额，F 列用以存放实发工资。其中当工资总额＞800 元时，实发工资＝工资－（工资总额－800 元）＊税率；当工资总额≤800 元时，实发工资＝工资总额。设税率＝0.05，则 F 列可用公式实现。其中 F2 的公式应为：（　　）。

　　A. ＝IF（E2＞800，E2－（E2－800）＊0.05，E2）

　　B. ＝IF（E2＞800，E2，E2－（E2－800）＊0.05）

　　C. ＝IF（"E2＞800"，E2－（E2－800）＊0.05，E2）

　　D. ＝IF（"E2＞800"，E2，E2－（E2－800）＊0.05）

66. 在 Excel 2010 中，用【Shift】或【Ctrl】键选择多个单元格后，活动单元格的数目是（　　）。

　　A. 一个单元格

　　B. 所选的单元格总数

　　C. 所选单元格的区域数

　　D. 用户自定义的个数

67. 在 Excel 2010 中，函数可以成为其他函数的（　　）。

　　A. 变量　　　　B. 常量　　　　C. 公式　　　　D. 参数

68. 在 Excel 2010 工作簿中既有工作表又有图表，当执行"文件"菜单的"保存"命令时，则（　　）。

　　A. 只保存工作表文件　　　　　　B. 只保存图表文件

　　C. 分成两个文件来保存　　　　　D. 将工作表和图表作为一个文件来保存

69. 在 Excel 2010 中，对工作表内容的操作就是针对具体（　　）的操作。

　　A. 单元格　　　B. 工作表　　　C. 工作簿　　　D. 数据

70. 在 Excel 2010 工作表中，设 A1 单元格内容为 2000－10－1，A2 单元格内容为 2，A3 单元格的内容为＝A1＋A2，则 A3 单元格显示的数据为（　　）。

　　A. 2002－10－1B　　　　　　　　B. 2000－12－1

　　C. 2000－10－3　　　　　　　　　D. 2000－10－12

71. 运算符用于对公式中的元素进行特定类型的运算。Excel 2010 包含四种类型的运算符：算术运算符、比较运算符、文本运算符和引用运算符，其中符号"&"属于（　　）。
   A. 算术运算符　　　　　　　　　B. 文本运算符
   C. 比较运算符　　　　　　　　　D. 引用运算符

72. 如果单元格中输入内容以（　　）开始，则 Excel 2010 认为输入的是公式。
   A. =　　　　　　B. !　　　　　　C. *　　　　　　D. ^

73. 在 Excel 2010 工作表中，活动单元格的地址显示在（　　）内。
   A. 工具栏　　　B. 状态栏　　　C. 编辑栏　　　D. 菜单栏

74. Excel 2010 工作表公式中表示绝对单元格地址时使用（　　）。
   A. *　　　　　　B. $　　　　　　C. #　　　　　　D. 都不对

75. 在 Excel 2010 工作表中，当向一个单元格粘贴数据时，粘贴数据会（　　）单元格中原有的数据。
   A. 取代　　　　B. 加到　　　　C. 减去　　　　D. 都不对

二、填空题

1. Microsoft Excel 2010 的＿＿＿＿是计算机和存储数据的文件。

2. 在输入一个公式之前必须先输入＿＿＿＿符号。

3. Excel 2010 中常用的运算符分为＿＿＿＿、＿＿＿＿和＿＿＿＿三类。

4. 记忆式输入和选择列表只适用于＿＿＿＿数据的输入。

5. 将 A1 + A4 + B4 用绝对地址表示为＿＿＿＿。

6. 双击某单元格可以对该单元格进行＿＿＿＿工作。

7. 双击某工作表标识符，可以对该工作表进行＿＿＿＿操作。

8. 一个工作簿最多可以含有＿＿＿＿个工作表。

9. 工作表的名称显示在工作簿底部的＿＿＿＿上。

10. 在 Excel 2010 中可以处理的数据有两种，分别为＿＿＿＿和＿＿＿＿。

11. 在 Excel 2010 工作表中，数据筛选的方法有＿＿＿＿和＿＿＿＿两种。

12. 已知某单元格的格式为 000.00，值为 23.785，则其显示内容为＿＿＿＿。

13. 一个单元格的数据显示形式为"#########"，可以使用＿＿＿＿的方法将其中的数据显示出来。

14. 没有以＿＿＿＿开头的单元格数值称为常量。

15. 在 Excel 2010 中设置的打印方向有＿＿＿＿和＿＿＿＿两种。

16. Excel 2010 中的图表分为两种，分别是＿＿＿＿和＿＿＿＿。

17. 与创建图表的数据源放置在同一张工作表中的图表称为＿＿＿＿。

18. Excel 2010 可以利用数据清单实现数据库管理功能。在数据清单中，每一列称为一个＿＿＿＿，它存放的是相同类型的数据；每一行为一条＿＿＿＿，存放一组相关的数据。

19. 在 Excel 2010 中，数据清单的创建分两步：一是＿＿＿＿；二是＿＿＿＿。

20. 在 Excel 2010 中，用于排序的字段称为＿＿＿＿。

21. 在自动筛选中自定义筛选条件时，可以为每个字段最多定义＿＿＿＿个筛选条件。

22. 高级筛选的筛选条件区域至少为＿＿＿＿行。

23. Excel 2010 中能够把来自不同源数据区域的数据进行汇总计算，合并到同一个目标区域中去，这种功能被称为_____。

24. 在"合并计算"对话框的"引用位置"框中键入了源区域的引用后，应单击_____按钮，才能确认该引用。

上机实验与实训

实验一：Excel 2010 基本操作

【实验目的】

（1）复习 Excel 2010 基本知识。
（2）掌握工作表的建立和基本操作方法。
（3）掌握和了解工作表的格式化操作。

【实验内容】

（1）启动、退出 Excel 2010 程序。
（2）输入数据。
（3）工作表的基本操作与格式化。

【实验步骤】

步骤一：启动、退出 Excel 2010 程序

（1）单击"开始"按钮，选择"程序"→"Microsoft Office"→"Microsoft Excel 2010"，启动 Excel 2010。

（2）单击"文件"面板中的"保存"命令，打开"另存为"对话框，选择目标位置和输入文件名"成绩表"，单击"保存"按钮，Excel 2010 以".xlsx"格式保存工作簿文件。

（3）单击 Excel 2010 主窗口右上角的"关闭"按钮（或选择"文件"菜单中的"退出"命令）关闭 Excel 2010 程序。

（4）双击"成绩表.xlsx"，启动 Excel 2010，实现对已经保存的工作簿文件内容进行编辑、修改。

步骤二：输入数据

（1）启动 Excel 2010 后，默认创建一个包含三个工作表的文件，三个工作表的名称分别为"Sheet1""Sheet2"和"Sheet3"，并且"Sheet1"为默认的活动工作表，默认进行的操作都是在"Sheet1"中操作的。

（2）在单元格上单击鼠标左键可以激活单元格，通过键盘可以输入数据。

（3）在单元格上双击鼠标左键可以使单元格进入编辑状态，修改已有数据。

（4）利用单元格右键菜单中的"插入"选项，可以插入行、列或单元格。

（5）单击最左上角第一个单元格，即 A 列与第 1 行交叉点 A1 位置，切换到中文输入法，输入"计算机系第 2 学期期末考试成绩表"，第二行从 A2 到 L2 依次输入"姓名""学

号""语文""数学""英语""物理""化学""总分""平均分""名次""总分差距"和"成绩等级"。

（6）在第1列从 A3 到 A19，共输入多个学生姓名，并在最后输入"各科最高分""各科最低分""各科及格率"和"各科优秀率"内容。

（7）在 B3 中输入"200701001"，然后按下【Ctrl】键的同时向下拖动该单元格黑色边框右下角拖动柄，以每次加1的方式填充学生姓名对应的学号。

（8）在各科对应的列下输入 0~100 数据表示成绩，输入完成后效果如图 4-1 所示。

图 4-1 成绩表数据

步骤三：管理工作表

（1）在工作表标签"Sheet1"上双击鼠标左键，在工作表标签编辑状态下更改名称为"计算机系"。类似方法双击"Sheet2"和"Sheet3"，更改名称为"外语系"和"中文系"。

（2）在"中文系"工作表为当前活动工作表状态下，选择"插入"菜单中的"工作表"选项，在"中文系"工作表标签左边插入默认名称的工作表，双击标签更名为"机械系"。

（3）退出工作表标签编辑状态（在其他位置任意单击鼠标左键），在"机械系"标签上按下鼠标左键不放，向右拖动，将其拖动到"中文系"的右边。

（4）在"机械系"标签上单击鼠标右键，在出现的右键菜单中选择"插入"选项，打开 Excel"插入"对话框，从中列出了可选用的 Excel 模板，选择"常用"中的"工作表"选项，单击"确定"。

（5）更改工作表标签为"数学系"，利用按钮 移动工作表标签到合适的显示位置，然后移动"数学系"表格到"机械系"，如 。

步骤四：工作表的格式化

（1）选择第1行单元格的 A1 到 L1，设置字体为"楷体_GB2312"，文字大小为"18"。

（2）右击选定单元格，在弹出的快捷菜单中选择"设置单元格格式"命令，打开"设置单元格格式"对话框，切换到"对齐"选项卡，如图 4-2 所示。

（3）设置"水平对齐"方式为"跨列居中"，"垂直对齐"方式为"居中"，单击"确定"按钮。

（4）选择 A2 到 L19 单元格，在"设置单元格格式"对话框中设置"对齐"方式，水平方向和垂直方向都为"居中"。

图 4-2 "设置单元格格式"对话框

(5) 在"设置单元格格式"对话框中单击"边框"选项卡，首先在线条"样式"列表中单击左侧最下面的细实线，然后单击"内部"按钮；再选择线条"样式"为右边列表稍粗实线，然后单击"外边框"按钮，如图 4-3 所示。

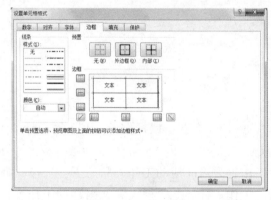

图 4-3 设置边框

(6) 选择 A16 到 A19 及 B16 到 B19，即"各科最高分""各科最低分""各科及格率""各科优秀率"及其右边的一个单元格，然后通过"设置单元格格式"对话框设置水平对齐方式为"居中"。

【思考与练习】

(1) 关闭和打开 Excel 工作簿，比较其与 Word 关闭和打开的异同。
(2) 使用其他方法创建工作簿和工作表，比较其与创建 Word 文档的异同。
(3) 使用鼠标、借助于工作表标签实现移动、复制和剪切工作表的操作。
(4) 对于输入的数据利用"单元格格式"更改其他参数，观察比较效果。

实验二：工作表的数据管理

【实验目的】

(1) 复习工作表的排序、分类汇总、筛选和工作表的冻结与拆分等相关知识。
(2) 掌握 Excel 中排序的方法。
(3) 了解分类汇总的概念并掌握其操作方法。

(4) 了解自动筛选和高级筛选的意义及其操作方法。
(5) 掌握工作簿的冻结和拆分方法及其作用。

【实验内容】

(1) 排序的方法与作用。
(2) 分类汇总的操作方法与作用。
(3) 自动筛选和高级筛选的操作方法与作用。
(4) 冻结和拆分窗口的方法与作用。

【实验步骤】

步骤一：排序

(1) 建立如图 4-4 所示的 "7 月份业绩" 工作表，并设置单元格对齐方式为 "居中" 对齐，其中 "单价" 和 "合计" 列的数字格式为 "会计专用"。

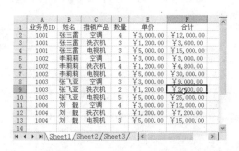

图 4-4 "7 月份业绩" 工作表

(2) 单击 "合计" 列中的任意单元格，单击 "升序" 按钮，除了第一行不动之外，下面的行按照销售合计的多少从上到下依次递增的顺序排列。

(3) 单击 "单价" 所在列的单元格，选择 "降序" 排列按钮，则数据按照 "单价" 从高到低排列，其中 "合计" 栏则在单价相同的情况下保持原来从低到高的顺序排列。

(4) 按两次【Ctrl】+【Z】键，恢复数据排列为原始排列方式。

(5) 选择 "数据" 面板中的 "排序" 按钮，打开 "排序" 对话框，如图 4-5 所示。

(6) 在 "主要关键字" 中选择 "合计"，"排序依据" 为 "数值"，排序方式为 "降序"。

(7) 单击 "添加条件" 按钮，添加 "次要关键字" 为 "单价"，按 "数值" 排序，排序方式依次为 "升序"。

(8) 以同样的方式添加 "次要关键字" 为 "业务员 ID"，按 "数值" 排序，排序方式依次为 "升序"，如图 4-5 所示。

图 4-5 设置多重排序

(9) 单击"确定"按钮,则首先所有数据行按照"单价"顺序从高到低排列,在"单价"相同的情况下,按照"数量"从低到高排列,在两者都相同的情况下,按照"业务员 ID"从小到大排列。

步骤二:分类汇总

(1) 单击"分类汇总"按钮,弹出"分类汇总"对话框,选择"分类字段"为"姓名","汇总方式"为"求和","选定汇总项"为"合计",单击"确定"按钮。如图 4-6 所示。

图 4-6 "分类汇总"对话框

(2) 分类汇总结果如图 4-7 所示。

图 4-7 分类汇总结果

(3) 依次单击左边显示控制区域上方的"1""2""3"按钮,或者左边的"+""-"

按钮，观察数据显示区域的变化。

(4) 选择“数据”菜单下的“分类汇总”选项，在“分类汇总”对话框中单击“全部删除”按钮。

步骤三：筛选

(1) 输入数据并调整格式，如图 4－8 所示。

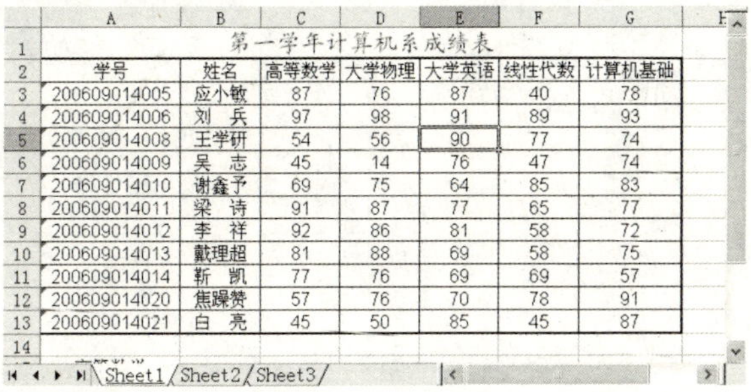

学号	姓名	高等数学	大学物理	大学英语	线性代数	计算机基础
200609014005	应小敏	87	76	87	40	78
200609014006	刘　兵	97	98	91	89	93
200609014008	王学研	54	56	90	77	74
200609014009	吴　志	45	14	76	47	74
200609014010	谢鑫予	69	75	64	85	83
200609014011	梁　诗	91	87	77	65	77
200609014012	李　祥	92	86	81	58	72
200609014013	戴理超	81	88	69	58	75
200609014014	靳　凯	77	76	69	69	57
200609014020	焦躁赞	57	76	70	78	91
200609014021	白　亮	45	50	85	45	87

图 4－8　表格数据

(2) 单击第 2 行左边的行标，选择第 2 行。

(3) 选择“数据”面板中的“筛选”按钮，在第 2 行每个单元格右侧出现一个下拉按钮，进入自动筛选状态，如图 4－9 所示。

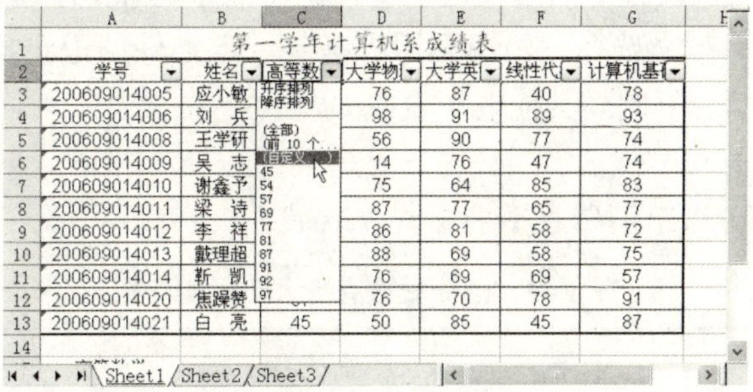

图 4－9　自动筛选

步骤四：拆分和冻结窗口

(1) 选择“窗口”菜单中的“拆分”选项，将当前活动的工作表窗口分为四个窗口显示，各个窗口都可以显示同一表格数据，如图 4－10 所示。

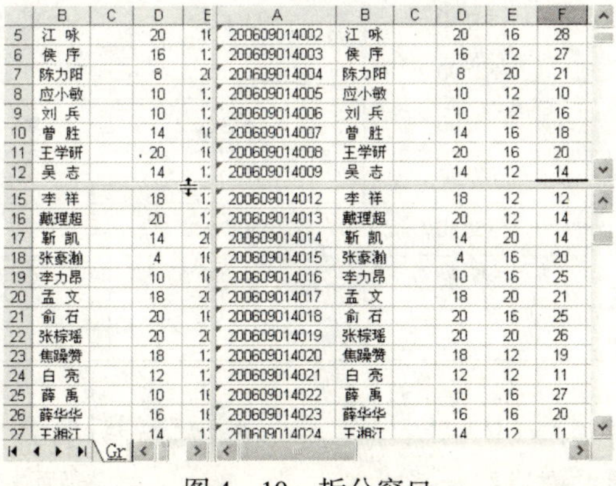

	A	B	C	D	E	F
5	200609014002	江　咏		20	16	28
6	200609014003	侯　序		16	12	27
7	200609014004	陈力阳		8	20	21
8	200609014005	应小敏		10	12	10
9	200609014006	刘　兵		10	12	16
10	200609014007	曾　胜		14	16	18
11	200609014008	王学研		20	16	20
12	200609014009	吴　志		14	12	14
15	200609014012	李　祥		18	12	12
16	200609014013	戴理超		20	12	14
17	200609014014	靳　凯		14	20	14
18	200609014015	张豪瀚		4	16	20
19	200609014016	李力昂		10	16	25
20	200609014017	孟　文		18	20	21
21	200609014018	俞　石		20	16	25
22	200609014019	张棕瑶		20	20	26
23	200609014020	焦躁赞		18	12	19
24	200609014021	白　亮		12	12	11
25	200609014022	薛　禹		10	16	27
26	200609014023	薛华华		16	16	20
27	200609014024	王湘江		14	12	11

图 4－10　拆分窗口

(2) 选择"窗口"菜单中的"取消拆分"选项。

(3) 单击 E4 单元格,选择"窗口"菜单中的"冻结窗格"选项。单击滚动条上、下、左、右移动数据,发现 4 行以上、E 列以左数据不发生移动,如图 4-11 所示。

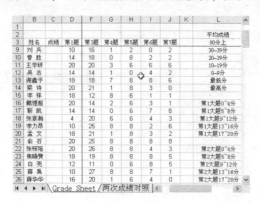

图 4-11 冻结窗格

(4) 选择"窗口"菜单中的"取消冻结窗格"选项。

【思考与练习】

(1) 对一个数据表格设置不同的关键字进行排序,并观察排序结果的变化。

(2) 通过"自动筛选"选择三门不同课程满足一定条件的记录显示,显示每门课程前 10 名的同学,并将其信息复制到其他电子表格中。

(3) 数据分析题。

表 4-1 所示为部分城市消费水平抽样调查结果。

表 4-1　部分城市消费水平抽样调查　　　　　　　　　　　　元

地区	城市	食品	服装	日常生活用品	耐用消费品
东北地区	沈阳	89.50	97.70	91.00	93.30
东北地区	哈尔滨	90.20	98.30	92.10	95.70
东北地区	长春	85.20	96.70	91.40	93.30
华北地区	天津	84.30	93.30	89.30	90.10
华北地区	唐山	82.70	92.30	89.20	87.30
华北地区	郑州	84.40	93.00	90.90	90.07
华北地区	石家庄	82.90	92.70	89.10	89.70
华东地区	济南	85.00	93.30	93.60	90.10
华东地区	南京	87.35	97.00	95.50	93.55
西北地区	西安	85.50	89.76	88.80	89.90
西北地区	兰州	83.00	87.70	87.60	85.00
平均消费					

①计算平均值。使用"AVERAGE(　　)"函数分别计算各地区的食品、服装、日常生活用品和耐用消费品的平均消费水平。

②数据筛选。分别使用自动筛选和高级筛选方式筛选出"服装大于或等于95.00"且"耐用消费品大于90.00"的记录。

③分类汇总。以"地区"为分类字段，将"食品""服装""日常生活用品"和"耐用消费品"进行"求和"分类汇总。

（4）尝试将【实验步骤】"高级筛选"中设置的三个条件放到一列，观察其显示结果。通过"高级筛选"将只要有一门功课为90分的同学全部列出来。

实验三：Excel 公式与函数的使用

【实验目的】

（1）复习 Excel 2010 中公式和函数的使用知识。
（2）掌握 Excel 2010 中公式和常用函数的使用方法。
（3）掌握排序方法。

【实验内容】

完成实验一制作的表格中相关数据。

【实验步骤】

步骤一：计算总分、平均分、各科最高分、各科最低分

（1）单击"总分"列下面的第一个单元格，即 H3，使该单元格成为活动单元格。

（2）单击"公式"面板"自动求和"列表中的"求和"命令，进入公式编辑状态，将其中的 B3 更改为 C3，即公式为"= SUM（C3：G3）"，如图 4 – 12 所示。按下回车键，得到第一个同学的总分。

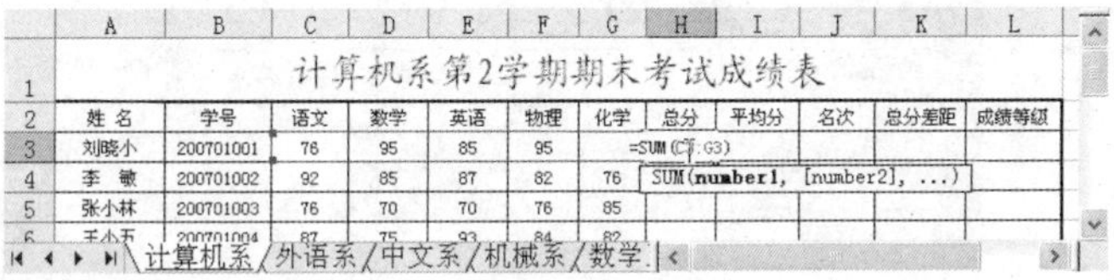

图 4 – 12　编辑公式

（3）拖动 H3 左下角的手柄，移动到最后一位同学对应的单元格，松开鼠标得到所有同学的总分。

（4）单击"公式"面板"自动求和"列表中的"平均值"，进入平均值函数编辑状态，将其中的参数 B3：H3 改为 C3：G3，得到公式"= AVERAGE（C3：G3）"，按下回车键，得到第一个同学的平均分。同样通过拖动该单元格右下角的手柄将其拖到最后一个同学记录，得到所有同学的平均分。

（5）选择平均分一列所有单元格，右击，选择"设置单元格格式"命令，在打开的"设置单元格格式"对话框中，通过"数字"选项卡选择"分类"为"数值"，"小数位数"为"2"，如图 4 – 13 所示，单击"确定"按钮。

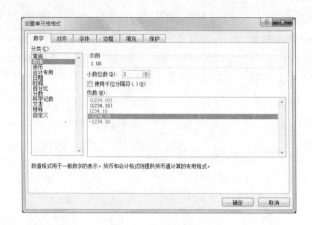

图 4-13　设置数值格式

（6）选择“各科最高分”行“语文”列下面的单元格，选择“自动求和”下拉列表中的“最大值”函数，将其参数更改为“语文”成绩所占有的单元格，如 C3：C15，得到公式“=MAX（C3：C15）”，按下回车键，得到语文最高分。通过向右拖动手柄经过所有科目所在的列，得到各科最高分。同样方法得到最低分。

步骤二：利用“排序”排定名次

（1）按下第一个同学所在的行最左边的行标签，拖动鼠标指针（或者单击第一个同学所在行的行标签，按下【Shift】键，然后单击最后一个同学所在的行标签）选择所有同学信息行，如图 4-14 所示。

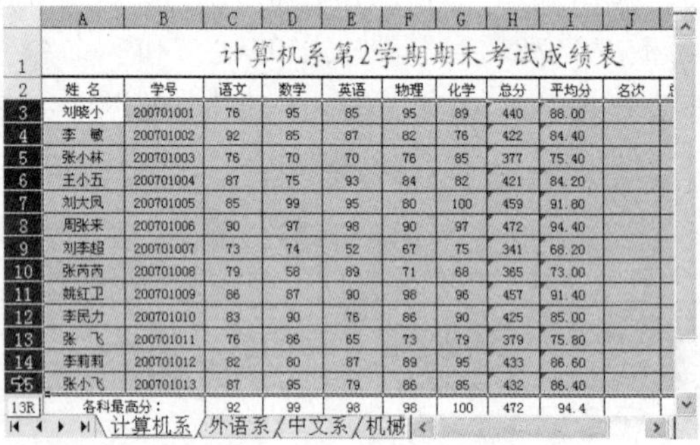

计算机系第2学期期末考试成绩表

姓名	学号	语文	数学	英语	物理	化学	总分	平均分	名次
刘晓小	200701001	76	95	85	95	89	440	88.00	
李　敏	200701002	92	85	87	82	76	422	84.40	
张小林	200701003	76	70	70	76	85	377	75.40	
王小五	200701004	87	75	93	84	82	421	84.20	
刘大凤	200701005	85	99	95	80	100	459	91.80	
周张来	200701006	90	97	98	90	97	472	94.40	
刘李超	200701007	73	74	52	67	75	341	68.20	
张芮芮	200701008	79	58	89	71	68	365	73.00	
姚红卫	200701009	86	87	90	98	96	457	91.40	
李民力	200701010	83	90	76	86	90	425	85.00	
张　飞	200701011	76	86	65	73	79	379	75.80	
李莉莉	200701012	82	80	87	89	95	433	86.60	
张小飞	200701013	87	95	79	86	85	432	86.40	
各科最高分：		92	99	98	98	100	472	94.4	

图 4-14　选择同学信息行

（2）选择“数据”面板中的“排序”命令，打开如图 4-15 所示的“排序”对话框，设置“主要关键字”为“总分”，“排序依据”为“数值”，右边的排序方式为“降序”，单击“确定”按钮，则总分最高的同学移动到最上面一行。

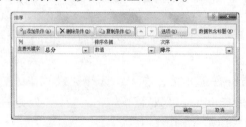

图 4-15　“排序”对话框

(3) 在总分最高同学对应的"名次"列中输入"1",然后按下【Ctrl】键的同时拖动该单元格手柄到最后一位同学,依次递增填充"名次"单元格。

(4) 重复(1),然后打开"排序"对话框,设置"主要关键字"为"学号",排序方式为"升序",将同学重新按照学号排列。

步骤三:计算"总分差距"

总分差距即为当前同学的总分减去全班的最高总分。

(1) 单击选择"总分差距"列下的第一个单元格,即 K3,直接在英文状态下输入"=H3 - H16",其中"H3"表示第一位同学的总分,"H16"表示对所有总分的最高分的绝对引用。按下回车键,得到该同学总分与全班最高总分的差。

(2) 拖动该单元格(K3)右下角的移动手柄到最后一个同学对应的"总分差距"单元格,松开鼠标得到所有同学的总分差距。

步骤四:计算及格率与成绩等级

(1) 单击"各科及格率"右边的单元格,即"语文"列与"各科及格率"行交叉的单元格(C18)。

(2) 选择"公式"面板中的"插入函数"选项,打开"插入函数"对话框,如图 4 - 16 所示。在"或选择类别"中选择"统计",在下面的"选择函数"列表中单击"COUNTIF",单击"确定"按钮。

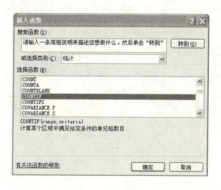

图 4 - 16 "插入函数"对话框

(3) 在"函数参数"对话框中单击"Range"编辑框右边的按钮,用鼠标从 C3 拖动到 C15,按下回车键,然后在"Criteria"右边的编辑框中输入">=60",如图 4 - 17 所示。单击"确定"按钮,则在 C18 单元格中会显示"语文"的及格人数。

图 4 - 17 "函数参数"对话框

(4) 双击 C18 单元格进入编辑状态,在该公式后面添加"/13",即最后该单元格的公式为" =COUNTIF(C3:C15,">=60")/13"。

（5）单击“开始”面板中“数字”工具栏中的“百分比样式”按钮%，并单击两次“增加小数位数”按钮.00，该单元格显示为100.00%。向右拖动该单元格移动手柄到最右边的课程，即“化学”对应的列。

（6）单击C18单元格，按下【Ctrl】+【C】键，单击C19单元格，按下【Ctrl】+【V】键，双击C19，并将其修改为“=COUNTIF（C3：C15，">=90"）/13”，按下回车键。同样拖动其移动手柄到最后课程对应的列。

（7）利用名次的前后判断成绩的等级。单击选择“成绩等级”列下面的第一个单元格，即L3，输入公式“=IF（J3<3，"优秀"，IF（AND（J3<6，J3≥3），"良好"，IF（AND（J3<10，J3≥6，"一般"，"差"）））”，按下回车键。然后拖动其移动手柄到最后一位同学对应的“成绩等级”列。如图4－18所示。

	A	B	C	D	E	F	G	H	I	J	K	L
1	计算机系第2学期期末考试成绩表											
2	姓 名	学号	语文	数学	英语	物理	化学	总分	平均分	名次	总分差距	成绩等级
3	刘晓小	200701001	76	95	85	95	89	440	88.00	4	-32	良好
4	李 敏	200701002	92	85	87	82	76	422	84.40	8	-50	一般
5	张小林	200701003	76	70	70	76	85	377	75.40	11	-95	差
6	王小五	200701004	87	75	93	84	82	421	84.20	9	-51	一般
7	刘大凤	200701005	85	99	95	80	100	459	91.80	2	-13	优秀
8	周张来	200701006	90	97	98	90	97	472	94.40	1	0	优秀
9	刘李超	200701007	73	74	52	67	75	341	68.20	13	-131	差
10	张芮芮	200701008	79	58	89	71	68	365	73.00	12	-107	差
11	姚红卫	200701009	86	87	90	98	96	457	91.40	3	-15	良好
12	李民力	200701010	83	90	76	86	90	425	85.00	7	-47	一般
13	张 飞	200701011	76	86	65	73	79	379	75.80	10	-93	[illegible]
14	李莉莉	200701012	82	80	87	89	95	433	86.60	5	-39	良好
15	张小飞	200701013	87	95	79	86	85	432	86.40	6	-40	一般
16	各科最高分：		92	99	98	98	100	472	94.4			
17	各科最低分：		73	58	52	67	68	341	68.2			
18	各科及格率：		100.00%	92.31%	92.31%	100.00%	100.00%					
19	各科优秀率：		15.38%	38.46%	30.77%	23.08%	38.46%					

计算机系／外语系／中文系／机械系／数学系

图4－18　计算结果

【思考与练习】

完成如图4－19所示的表格。

	A	B	C	D	E	F	G	H	I	J	K	L	M	N
1	考试成绩单												人数	百分率
2	课程：高等数学											平均成绩		
3	学号	姓名	成绩	第1题	第2题	第3题	第4题	第5题	第6题	第7题		90分上		
4	200609014001	李基充		10	12	15	8	8	5	5		80~89分		
5	200609014002	江 咏		20	16	28	8	8	4	8		70~79分		
6	200609014003	侯 序		16	12	27	1	8	4	4		60~69分		
7	200609014004	陈力阳		8	20	21	6	6	5	1		50~59分		
8	200609014005	应小敏		10	12	10	1	4	1	2		40~49分		
9	200609014006	刘 兵		10	12	16	1	2	0	2		30~39分		
10	200609014007	曾 胜		14	16	18	0	8	2	2		20~29分		
11	200609014008	王学研		20	16	20	3	6	6	6		10~19分		
12	200609014009	吴 志		14	12	14	1	0	4	2		0~9分		
13	200609014010	谢鑫予		18	20	18	7	8	8	6		最低分		
14	200609014011	梁 诗		20	12	21	1	8	3	0		最高分		
15	200609014012	李 祥		18	12	12	8	6	1	1				
16	200609014013	戴理超		20	12	14	2	6	3	1		第1大题0~4分		
17	200609014014	靳 凯		14	20	14	0	6	7	8		第1大题5~8分		
18	200609014015	张豪瀚		4	16	20	6	6	4	3		第1大题9~12分		
19	200609014016	李力昂		10	16	25	8	8	2	6		第1大题13~16分		
20	200609014017	孟 文		18	20	21	1	8	3	2		第1大题17~20分		
21	200609014018	俞 石		20	16	25	8	8	8	8				
22	200609014019	张棕瑶		20	20	26	8	8	4	3		第2大题0~4分		
23	200609014020	焦躁赞		18	12	19	8	8	8	5		第2大题5~8分		
24	200609014021	白 亮		12	12	11	0	6	8	5		第2大题9~12分		
25	200609014022	薛 禹		10	16	27	8	8	7	1		第2大题13~16分		
26	200609014023	薛华华		16	16	20	1	6	4	0		第2大题17~20分		
27	200609014024	王湘江		14	12	11	5	8	1	0				
28	200609014025	韩 振		18	20	26	8	7	8	8		第3大题0~6分		
29	200609014026	刘 磊		16	20	25	8	8	7	8		第3大题7~12分		
30												第3大题13~18分		

Grade Sheet／两次成绩对照

图4－19　考试成绩单

实验四：数据的图表化与输出

【实验目的】

（1）复习 Excel 2010 中数据图表化的相关知识与 Excel 2010 的打印、输出方法。
（2）掌握将 Excel 2010 数据图表化进行数据直观分析的操作方法。
（3）掌握 Excel 2010 中数据的页面、页眉、页脚设置。
（4）了解 Excel 2010 输出方法。

【实验内容】

（1）建立嵌入式图表、独立图表工作表和图表的编辑与美化。
（2）Excel 2010 打印方法与输出方法。

【实验步骤】

步骤一：数据的图表化

（1）图 4-20 所示为某大学学生人数统计表，调整好各单元格大小及格式，利用"单元格格式"对话框"边框"选项卡中的按钮 ◨ 添加表格斜线，通过按下【Alt】+【Enter】键换行，调整文字位置得到斜线表头。
（2）选择其中的数据区域，即 A2 到 I8。

图 4-20 人数统计表

（3）在"插入"选项卡的"图表"工具组中提供了常用的几种图表类型，首先选中数据，单击"图表"工具组中的"柱形图"，在弹出列表中选择"簇状圆柱图"，即可根据表格内容创建簇状圆柱图。

步骤二：页面、页眉、页脚设置与打印预览

（1）执行"插入"面板中的"页眉页脚"命令，即可编辑页眉，如图 4-21 所示。
（2）通过功能区命令可设置页眉。
（3）单击"转至页脚"命令，可编辑页脚。
页眉页脚的编辑方法同 Word 类似。

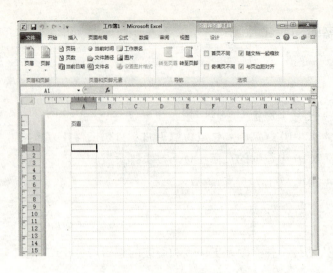

图 4-21　编辑页眉

步骤三：打印

单击"文件"选项卡，单击右边的"打印"链接，可在弹出的页面中选择打印机并设置打印选项，如图 4-22 所示。

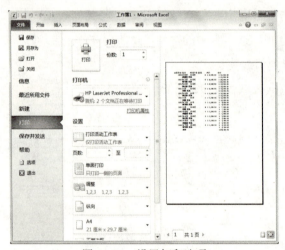

图 4-22　设置打印选项

【思考与练习】

（1）在创建图表时，对于最后的"图表位置"不改变默认选项，直接单击"完成"按钮，观察图表的位置。

（2）对于创建的图表，双击各个组成部分，进行参数的更改与编辑，并观察、总结结果发生的变化。

（3）怎样实现工作表的部分打印？

模块五 演示文稿软件——PowerPoint 2010

习题精选

一、填空题

1. PowerPoint 2010 的工作区主要包括三个部分，分别为_____、_____和_____。
2. PowerPoint 2010 提供了几十种幻灯片版式，可以归纳为四种类型，分别为_____、_____、_____以及其他版式。
3. PowerPoint 2010 的扩展名为_____。
4. PowerPoint 2010 的普通视图是主要的编辑视图，包含三个主要窗格，分别为_____窗格、_____窗格和_____窗格。
5. 利用 PowerPoint 2010 的_____功能，不仅可以使用其他颜色作为背景颜色，也可以使用渐变的填充效果、纹理填充和图片作为背景，从而极大地丰富了幻灯片的表现效果。
6. _____是用于演示文稿的一组颜色，其中包括：背景色以及文本和线条颜色等，有利于对演示文稿的颜色进行统一控制。
7. PowerPoint 2010 提供两种模板，分别为_____模板和_____模板。
8. PowerPoint 2010 中有一类特殊的幻灯片，叫_____，它控制着整个演示文稿的格式，任何幻灯片都是在它的基础上建立起来的。
9. 在 PowerPoint 2010 中可以通过设置_____来突出重点、加强视觉效果和吸引注意力。
10. PowerPoint 2010 通过设置_____来控制幻灯片的演示顺序，使得演示更加灵活方便。

二、选择题

1. PowerPoint 2010 的主要工作窗口为（　　）。
   A. 大纲窗口　　　B. 幻灯片窗口　　　C. 备注窗口　　　D. 幻灯片放映窗口
2. 如果用户对 PowerPoint 2010 不是很熟悉，又希望快速创建比较专业的演示文稿，应该选择的创建方式为（　　）。
   A. 直接利用快捷键【Ctrl】+【N】创建一个演示文稿
   B. 利用内容提示向导方式创建演示文稿
   C. 利用模板方式创建演示文稿
   D. 通过选择专业的版式创建演示文稿

3. 通过 PowerPoint 2010 "另存为" 对话框不能将演示文稿输出为（　　）格式。
   A. .htm   B. .JPG   C. .doc   D. .gif

4. 不属于 PowerPoint 2010 窗口左下角按钮可以切换的视图为（　　）。
   A. 普通视图   B. 大纲视图
   C. 幻灯片浏览视图   D. 幻灯片放映视图

5. 比较适合幻灯片复制、调整位置和移动等操作的视图是（　　）。
   A. 普通视图   B. 大纲视图
   C. 幻灯片浏览视图   D. 幻灯片放映视图

6. 下列关于在幻灯片放映视图时描述错误的是（　　）。
   A. 一般单击鼠标左键可以显示下一项内容或者切换幻灯片
   B. 可以使用鼠标在屏幕上标注信息
   C. 按下【Esc】键可以退出幻灯片放映视图
   D. 可以对放映的内容进行编辑与修改

7. PowerPoint 2010 工作窗口一般由三部分组成，（　　）默认状态下在放映时不会显示。
   A. 大纲文字   B. 备注信息   C. 幻灯片内容   C. 任务栏信息

8. PowerPoint 2010 中演示文稿文件的扩展名为（　　）。
   A. .prg   B. .doc   C. .pptx   D. .pps

9. 幻灯片下列位置中，不能输入文本的是（　　）。
   A. 自选图形   B. 标题占位符
   C. 文本框   D. 幻灯片空白位置

10. 下列内容不能用作演示文稿背景的是（　　）。
    A. 颜色   B. 图片   C. 渐变填充   D. 动画

11. 在 PowerPoint 2010 中不能控制幻灯片统一外观的是（　　）。
    A. 背景   B. 模板   C. 图片   D. 幻灯片视图

12. （　　）对象不能插入至幻灯片。
    A. 声音   B. 图片   C. 图表   D. 快捷方式

13. 修改（　　）不会更改整个演示文稿幻灯片的外观。
    A. 幻灯片母版   B. 配色方案   C. 模板   D. 版式

14. 超链接一般不能链接到（　　）。
    A. 幻灯片   B. 应用程序
    C. 文本文件中的某一行   D. 网络上的某个文件

15. 如果要更改幻灯片上对象出现的先后顺序，正确的操作是（　　）。
    A. 在幻灯片编辑窗口中移动对象的前后顺序
    B. 通过对象右键菜单中的 "叠放次序" 选项调整前后顺序
    C. 通过 "自定义动画" 任务栏上的效果列表框移动效果的上下顺序实现
    D. 通过效果列表项的 "效果选项" 对话框实现

16. 设置幻灯片放映时的动作按钮应该在（　　）菜单中进行操作。
    A. 文件   B. 幻灯片放映   C. 编辑   D. 插入

17. 关于 "动作设置" 描述错误的是（　　）。
    A. 通过 "动作设置" 可以实现单击某一对象时跳转到想要显示的幻灯片

B. 通过"动作设置"可以实现单击某一对象时打开某个应用程序
C. 通过"动作设置"可以实现鼠标在某一对象上面移过时播放指定的歌曲
D. "动作设置"不能自动实现当鼠标在矩形框上移过时让矩形框填充颜色自动变成另外一种颜色

18. 下列操作不能放映幻灯片的是（　　）。
A. 单击演示文稿窗口左下角的幻灯片放映视图切换按钮
B. 选择"幻灯片放映"菜单中的"观看放映"命令
C. 选择"视图"菜单中的"幻灯片放映"命令
D. 按【F2】键

19. 下列关于放映幻灯片描述错误的是（　　）。
A. 放映幻灯片时，幻灯片会切换到满屏显示状态
B. 通过按下【N】键、空格键或单击鼠标可以显示下一张幻灯片
C. 通过按下【Ctrl】键、【Backspace】键可以切换到上一张幻灯片
D. 在键盘上输入数字后按下【Enter】键可以切换到以它为编号的幻灯片

20. 按（　　）键可放映演示文稿。
A.【F1】　　　　B.【F2】　　　　C.【F3】　　　　D.【F5】

21. 按（　　）键可退出演示文稿放映。
A.【F1】　　　　B.【Esc】　　　　C.【H】　　　　D.【Backspace】

22. 演示文稿制作完成后，可以有多种输出类型，（　　）不属于输出类型。
A. 屏幕上的演示文稿　　　　B. 35 毫米幻灯片
C. 扫描仪　　　　D. 投影仪

三、简答题

1. 在 PowerPoint 2010 中，创建演示文稿的方式有哪些？各有什么特点？
2. 什么是幻灯片母版？它具有什么作用？
3. 配色方案、版式和模板分别有什么作用？如何使用？
4. 幻灯片放映方式有哪几种？分别在什么情况下使用？
5. 自定义放映有什么作用？如何进行自定义放映？
6. 超链接在演示文稿制作中有什么作用？怎样使用超链接？
7. 如果要播放演示文稿的计算机上没有安装 PowerPoint，如何在本机上输出演示文稿？

上机实验与实训

实验一：PowerPoint 2010 的基本操作

【实验目的】

（1）复习 PowerPoint 2010 基本知识与相关操作方法。
（2）掌握 PowerPoint 2010 演示文稿的创建、保存与关闭操作方法。
（3）掌握 PowerPoint 2010 中版式格式化与文本的添加方法。
（4）掌握幻灯片的添加、删除与位置调整方法。

(5) 掌握 PowerPoint 2010 中图片添加与编辑技巧。

【实验内容】

(1) 新建 PowerPoint 2010 演示文稿、演示文稿的保存与 PowerPoint 2010 程序的退出。
(2) PowerPoint 2010 版式的选择、文本的添加与格式设置。
(3) 幻灯片的添加、删除与位置的改变。
(4) 插入图片。

【实验步骤】

步骤一：启动和退出 PowerPoint 2010

(1) 单击"开始"按钮，选择"程序"→"Microsoft Office"→"Microsoft PowerPoint 2010"（或者单击"开始"按钮，选择"运行"，在对话框的编辑框中输入"PowerPoint"，单击"确定"按钮），启动 PowerPoint 2010 程序，如图 5-1 所示。

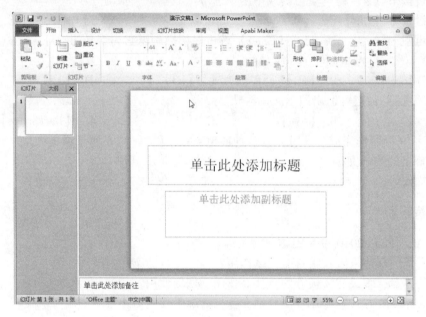

图 5-1　PowerPoint 2010 工作窗口

(2) PowerPoint 2010 以默认版式创建一个只包含一张幻灯片的空白演示文稿。

(3) 选择"文件"面板中的"保存"选项，打开"另存为"对话框，输入文件名，如"我的第一个演示文稿"，单击"保存"，得到后缀名为".pptx"的演示文稿文件。

(4) 选择"文件"面板中的"关闭"命令可以关闭当前演示文稿编辑窗口。

(5) 选择"文件"面板中的"打开"命令打开"打开"对话框，选择".pptx"格式的文件，单击"打开"按钮可以打开该演示文稿并进行编辑修改。

(6) 单击窗口右上角的"关闭"按钮⊠或选择"文件"菜单中的"退出"命令退出 PowerPoint 2010 程序。

步骤二：文本格式化

(1) 单击幻灯片中的"单击此处添加标题"位置，进入文本框编辑状态，输入文字"我的第一个演示文稿"。

(2) 单击"单击此处添加副标题"位置，进入文本框编辑状态，输入文字"图片欣赏"。

(3) 选择"插入"面板中的"形状"选项，单击"文本框"按钮，在幻灯片内按下鼠标左键拖动创建一个文本框，并输入内容"制作人：×××"（×××为自己的姓名）。

（4）单击最上面的文本框边框，选择文本框（或者直接选择里面的全部文字），通过"格式"工具栏设置"字体"为"楷体"，"大小"为"40"，"加粗"显示，并按下"阴影"按钮 S。然后单击"绘图"工具栏上的"字体颜色"按钮 A，选择"其他颜色"选项，在打开的颜色列表对话框中单击"蓝色"。

（5）选择第二个文本框文字，设置"字体"为"隶书"，"大小"为"88"，"加粗"显示，颜色设置为"红色"。

（6）选择第三个文本框文字，设置"字体"为"楷体"，"大小"为"36"，"加粗"显示，并设置"制作："文字为"蓝色"，姓名颜色为"黑色"，并添加下划线。

（7）调整好三个文本框的位置，并将"图片欣赏"文本框的两端边框移动到幻灯片的左右边沿，然后单击文本框边缘选择文本框。

（8）单击"开始"面板上的"填充颜色"按钮，选择"填充效果"，在"填充效果"对话框的"渐变"选项卡中，选择"颜色"栏为"预设"，在"预设颜色"列表中选择"雨后初晴"，设置"底纹样式"为水平，"变形"为左下角形状。

步骤三：插入幻灯片

（1）通过"幻灯片"组插入幻灯片。在幻灯片窗格中选择默认的幻灯片，然后在"开始"选项卡中单击"幻灯片"组中的"新建幻灯片"下拉按钮，例如，选择"标题和内容"即可插入一张新的幻灯片。如图5-2所示。

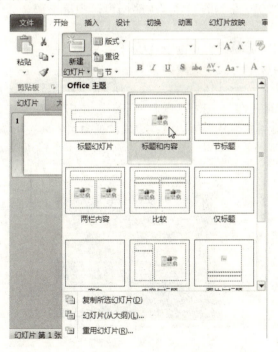

图5-2 "新建幻灯片"中的"标题和内容"

（2）通过右键单击插入幻灯片。选择幻灯片预览窗格中的某一幻灯片，选中插入的位置，然后单击右键，选择"新建幻灯片"，即可在选择的幻灯片后面插入一张幻灯片。如图5-3所示。

步骤四：删除幻灯片

要从演示文稿中删除幻灯片，包含以下两种方法：

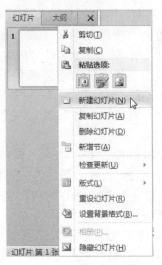

图 5-3　通过右键执行新建幻灯片命令

（1）右击删除。选择要删除的幻灯片，单击右键，在弹出的快捷菜单中选择"删除幻灯片"命令即可。

（2）通过键盘删除。选择要删除的幻灯片，按【Delete】键即可。

步骤五：复制幻灯片和插入图片

（1）在 PowerPoint 2010 左侧的幻灯片缩略图窗口中单击第 2 张幻灯片，按下【Ctrl】+【C】键。

（2）在第 2 张幻灯片后单击，并按下【Ctrl】+【V】键。

（3）在第 3 张幻灯片中将文字更改为"日落——晚霞"。

（4）在图片上单击，按下【Del】键（或【Delete】键）删除图片，选择"插入"菜单"图片"选项下的"来自文件"，选择"Sunset.jpg"，单击"插入"。

（5）更改图片为适当大小并添加边线，边线设置为"6 磅"，其效果如图 5-4 所示。

（6）按下【F5】键播放幻灯片，单击鼠标或者按下空格键可以浏览幻灯片。

图 5-4　第 3 张幻灯片

【思考与练习】

1. 如何添加自己喜欢的幻灯片设计模版？
2. 练习利用"根据内容提示向导"命令快速创建专业演示文稿。
3. 练习使用文本框插入文本并进行文本格式化。
4. 练习使用不同版式添加新的幻灯片，试讨论使用版式具有什么样的作用及怎样使用版式提高演示文稿的创作效率。

实验二：PowerPoint 2010 中动画的制作

【实验目的】

（1）复习 PowerPoint 2010 中动画制作的相关知识。
（2）掌握幻灯片切换的设置以及作用。
（3）掌握对象的自定义动画设置方法及其意义。

【实验内容】

（1）设置幻灯片切换。
（2）添加自定义动画。

【实验步骤】

步骤一：设置幻灯片切换动画

我们经常在某些图片浏览软件中看到这样的功能，单击鼠标可以切换图片，如果在一定的时间内不单击鼠标，图片也会自动切换到下一张，下面让我们利用 PowerPoint 2010 来实现这样的功能。

（1）打开"我的第一个演示文稿.pptx"文件。
（2）在幻灯片菜单窗口中选择"切换"，在"切换"选项中选择"随机线条"切换选项。
（3）在"计时"选项卡"换片方式"中勾选"单击鼠标时"或"设置自动换片时间"。当勾选"设置自动换片时间"时，设置时间为"5"秒。
（4）单击"计时"选项卡中"全部应用"按钮。如图 5-5 所示。

图 5-5　设置幻灯片切换

（5）选择幻灯片缩略图的第一张幻灯片。
（6）在"幻灯片切换"任务窗格的效果列表中选择"百叶窗"，并取消设置的时间。

(7) 按下幻灯片缩略图窗口下方幻灯片视图切换按钮（【F5】），播放幻灯片。第一张幻灯片以盒状方式展开，并且只有单击鼠标或按键盘键才切换到第二张幻灯片。后面的幻灯片将以随机效果显示，在 5 s 内可以按下鼠标或者键盘实现幻灯片的切换，否则在 5 s 后幻灯片自动切换到下一张幻灯片。

步骤二：自定义动画设置

(1) 添加动画。选择"动画"选项卡的"动画"分组可直接选择，快速地重新使用。

(2) 单击"动画"面板中"动画"工具组中列表框右下角的三角按钮，在打开的列表中选择"更多进入效果"，如图 5-6 所示，可设置对象的进入效果，如图 5-7 所示。

图 5-6 动画效果

图 5-7 更改进入效果

(3) 更改动画的退出效果方法同上。

(4) 动作路径效果用来控制对象的移动路径，除了常用的直线路径外，还可选择"绘制自定义路径"，设置直线、曲线等作为动作路径。更多复杂的路径可在图 5-6 所示的列表中选择"其他动作路径"命令，打开"更改动作路径"对话框，如图 5-8 所示。

动作路径分为基本、直线和曲线、特殊 3 大类，选择适宜的路径，单击"确定"即可。

步骤三：删除动画

每个对象都可以设置自定义动画，一个对象允许设置多个自定义动画，所有设置的动画都在"自定义动画"窗

图 5-8 "更改动作路径"对话框

格的列表中,要删除某个动画,先选择它,然后单击"删除"按钮即可。

步骤四:动画选项

动画选项根据动画的类型略有不同。以进入效果百叶窗为例,常用的选项有"开始""方向"和"速度",如图5-9所示,单击其后面的下拉按钮,可以进行设置。

在动画列表的动画上右击,展开其快捷菜单,如图5-10所示,可设置部分常用选项以及删除等操作。

图5-9 常见选项设置

图5-10 动画选项菜单

选择"效果选项"或"计时"可打开"百叶窗"对话框的"效果"选项卡。

在"效果"选项卡中可设置"方向""声音""播放后效果"和"文本动画方式"等。在"计时"选项卡可设置"开始方式""延迟时间""速度""重复方式"以及"触发器"等。

【思考与练习】

(1) 制作倒计时的动画效果,数字从10开始每隔1 s变化一次直到数字为0,然后出现幻灯片的第一个画面。

(2) 在一张幻灯片中通过设置自定义动画实现单击鼠标显示多幅图片或每隔2 s显示一幅不同的图片。

(3) 通过计时控制,使一个文字闪烁三次以起到强调的作用。

(4) 通过路径动画制作一个小球做抛物线运动。

实验三:PowerPoint 2010 交互功能制作

【实验目的】

(1) 复习 PowerPoint 2010 中超链接相关知识与自定义放映知识。
(2) 掌握利用超链接和动作设置的方法建立幻灯片之间的交互跳转功能。
(3) 掌握利用自定义动画实现有选择性地播放幻灯片内容。

【实验内容】

(1) 超链接设置。
(2) 自定义动画设置。

【实验步骤】

步骤一:设置超级链接

(1) 新建一个 PowerPoint 2010 空白演示文稿,通过文本框添加相关内容,如图5-11

所示。通过"绘图"工具栏上的"绘图"按钮 绘图(D)· 下拉菜单中的"对齐或分布"选项，调整各内容位置。

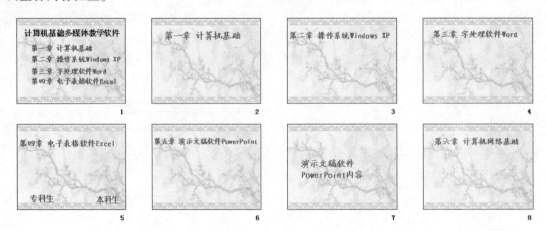

图 5-11　幻灯片内容

（2）在第一张幻灯片中单击选择"第一章 计算机基础"文本框。

（3）单击右键菜单中的"超链接"选项。

（4）在"插入超链接"对话框中单击"链接到"列表中的"本文档中的位置"，在"请选择文档中的位置"的幻灯片列表中选择"幻灯片2"，如图 5-12 所示。

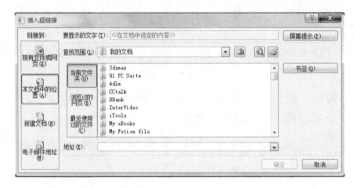

图 5-12　"插入超链接"对话框

（5）单击"确定"。利用同样的方法将"第二章 操作系统 Windows XP"链接到"幻灯片3"，"第三章 字处理软件 Word"链接到"幻灯片4"，"第四章 电子表格软件 Excel"链接到"幻灯片5"。

（6）在第二～第五张幻灯片中的右下角位置添加一个返回第一张幻灯片的按钮。选择"幻灯片放映"菜单"动作按钮"选项中的"动作按钮：第一张"按钮 ，在幻灯片右下角位置按下鼠标左键拖动到合适大小。

（7）按下【F5】键从头开始播放幻灯片。单击不同链接跳转到不同幻灯片，单击右下角的按钮则又回到第一张幻灯片。

步骤二：自定义动画

（1）选择"幻灯片放映"的"自定义幻灯片放映"中的"自定义放映"选项，打开"自定义放映"对话框，如图 5-13 所示。

图 5-13 "自定义放映"对话框

(2) 单击"新建"按钮,打开"定义自定义放映"对话框,在左边的列表中选项"幻灯片7""幻灯片9",单击中间的"添加"按钮 ,将其添加到右边列表框中,并将上面的"幻灯片放映名称"更改为"专科生",如图 5-14 所示,单击"确定"。

图 5-14 定义自定义放映

(3) 在"自定义放映"对话框中再次单击"新建"按钮,将"幻灯片8"添加到右边列表中,并将"幻灯片放映名称"更改为"本科生",单击"确定"。

(4) 在第五张幻灯片中选择"专科生"文本框。

(5) 在文本框上单击右键,选择"超链接"选项,在"插入超链接"对话框"链接到"列表中选择"本文档中的位置",在右边的列表中单击选择"自定义放映"中的"专科生",并勾选"显示并返回"复选框。

(6) 单击"屏幕提示"按钮 ,在出现的编辑框中输入"专科生选学内容",单击"确定"。

(7) 在幻灯片缩略图列表窗口中按下【Shift】键,单击选择第六~第八张幻灯片,在选择的幻灯片上单击右键,选择"隐藏幻灯片"。

(8) 在第五张幻灯片显示时,单击从当前幻灯片开始放映按钮 ,如果不单击"专科生"和"本科生"文本框所占有的区域范围,则幻灯片结束放映;而单击"专科生"则显示第六和第七张幻灯片,并且显示完成后重新回到第五张幻灯片;单击"本科生"则显示第八张幻灯片,并且显示完成后重新回到第五张幻灯片。

(9) 最后将其保存为"计算机基础多媒体教学软件.pptx"演示文稿文件。

【思考与练习】

(1) 制作一个教学演示文稿,要求在一个主画面中显示一册书的全部章标题,通过超链接使得单击每个标题可以链接到该章的小标题演示页面,单击每个小标题可以进入对应的内容演示页面。

(2) 制作一份集声音、图片和动画于一体的多媒体个人简历演示文稿,向同学或同事介绍你自己。上面要求有个人的电子邮箱或个人主页的超链接,以便别人能和你取得联系。

(3) 制作一个演示文稿,通过自定义放映使得不同的用户可以查看不同的内容,且没有单击相关的链接将不能查看到该部分演示文稿的内容。

实验四:PowerPoint 2010 的输出

【实验目的】

(1) 复习有关 PowerPoint 2010 输出的方式与相关知识。
(2) 了解 PowerPoint 2010 输出的格式类型及适用范围。
(3) 掌握 PowerPoint 2010 文件的打包与发布网页的基本方法,实现演示文稿的交流。
(4) 了解演示文稿的打印方法。

【实验内容】

(1) 将演示文稿输出为不同格式的文件,了解各格式适用范围。
(2) 打包文件及其相关数据,实现演示文稿的正常交流。
(3) 将演示文稿输出为网页,直接通过网络交流。
(4) 将演示文稿打印出来,以便于更好地了解幻灯片信息。

【实验步骤】

步骤一:输出文件

(1) 制作演示文稿并保存为"东北分享.pptx"。
(2) 选择"文件"面板中的"另存为"选项,打开"另存为"对话框,如图 5-15 所示。

图 5-15 "另存为"对话框

(3) 在"保存类型"下选择"PowerPoint 放映(*.pptx)",单击"保存"按钮。
(4) 在"资源管理器"中双击保存的"计算机基础多媒体教学软件.pptx"放映文件,在不启动 PowerPoint 2010 程序的情况下,开始播放演示文稿。

步骤二:打包

(1) 选择"文件"面板,单击左侧的"保存并发送"链接,如图 5-16 所示。

模块五　演示文稿软件——PowerPoint 2010

图 5-16　"保存并发送"链接

单击右侧的"将演示文稿打包成 CD"命令，单击"打包成 CD"按钮，如图 5-17 所示。

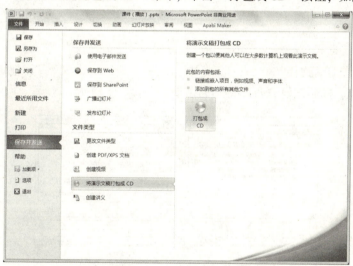

图 5-17　执行"打包成 CD"命令

（2）在弹出的对话框中输入打包成 CD 后的文件夹的名称，单击"复制到文件夹"按钮，如图 5-18 所示。

（3）在弹出的"复制到文件夹"对话框中设置幻灯片文件夹的保存位置，单击"确定"按钮即可，如图 5-19 所示。

图 5-18　命名文件夹

图 5-19　设置保存位置

79

步骤三：输出为网页

在"另存为"对话框中选择"保存类型"为"单个文件网页"或"网页"（或选择"文件"菜单中的"另存为网页"），打开网页输出对话框。

步骤四：打印演示文稿

(1) 选择"文件"面板，在左侧的列表中选择"打印"选项，打开"打印"窗口，如图 5–20 所示。

图 5–20 "打印"窗口

(2) 选择"打印范围"为"全部"，"打印内容"为"讲义"，其他取默认值，单击"确定"开始打印。按照该设置打印得到的结果如图 5–21 所示。

图 5–21 打印结果

【思考与练习】

（1）练习将演示文稿保存为其他类型格式的文件，并通过帮助文件了解各文件格式的区别及其适用范围。

（2）试制作一张介绍本人所在公司或学校的演示文稿，其中要求含有艺术字、幻灯片切换效果和动画效果等内容，在所有幻灯片中要求出现公司或学校的照片或徽标。最后将其打包输出，在其他计算机上进行放映。

（3）创建一个用于 Web 上的演示文稿，在选择输出为网页时，比较输出类型为"网页"与"单个文件网页"两者的区别。

模块六　数据库管理软件——Access 2010

习题精选

一、选择题

1. Access 2010 的选项卡不包括（　　）。
   A. 创建　　　　　B. 格式　　　　　C. 数据库工具　　　D. 外部数据
2. Access 2010 数据库中包含（　　）种对象。
   A. 5　　　　　　B. 6　　　　　　C. 7　　　　　　　D. 8
3. Access 2010 默认的数据库文件夹是（　　）。
   A. Access　　　　B. My Documents　　C. 用户文件夹　　　D. Temp
4. 下列操作中不会造成表中数据丢失的操作为（　　）。
   A. 更改字段名称或说明　　　　　　　B. 更改字段的数据类型
   C. 修改字段的属性　　　　　　　　　D. 删除某个字段
5. 身份证号码最好采用（　　）。
   A. 文本　　　　　B. 长整型　　　　C. 备注　　　　　D. 自动编号
6. 最常见的数据表关系是（　　）。
   A. 一对多　　　　B. 一对一　　　　C. 多对多
7. 一个教师可讲授多门课程，一门课程可由多个教师讲授，则教师和课程间的联系是（　　）。
   A. 1∶1 联系　　　B. 1∶m 联系　　　C. m∶1 联系　　　D. m∶n 联系
8. 下面有关表的叙述错误的是（　　）。
   A. 表是 Access 数据库中的要素之一
   B. 表设计的主要工作是设计表的结构
   C．Access 数据库的各表之间相互独立
   D. 可以将其他数据库的表导入到当前数据库中
9. 如果字段内容为声音文件，可将此字段定义为（　　）类型。
   A. 文本　　　　　B. 查阅向导　　　C. OLE 对象　　　D. 备注
10. 关于 Null 值和空字符串的含义，下列说法错误的是（　　）。
    A. Null 值和空字符串的含义不同
    B. Null 值和空字符串的含义相同
    C. 空字符串表示"知道没有值"

D. Null 值表示"不知道"

11. 修改表结构和表中的数据分别在（　　）下进行操作。
   A. 表视图和表视图　　　　　　　　B. 表视图和设计视图
   C. 设计视图和表视图　　　　　　　D. 设计视图和设计视图

12. 数据库文件中包含（　　）对象。
   A. 表　　　　　B. 查询　　　　　C. 窗体　　　　　D. 以上都包含

13. Access 2010 数据库的核心与基础是（　　）。
   A. 表　　　　　B. 宏　　　　　　C. 窗体　　　　　D. 模块

14. 在表中直接显示姓"李"的记录的方法是（　　）。
   A. 排序　　　　B. 筛选　　　　　C. 隐藏　　　　　D. 冻结

15. 在 Access 2010 中，使用（　　）操作，可以在数据表中快速地移动到最后一条记录。
   A. 查找　　　　B. 替换　　　　　C. 定位　　　　　D. 选择记录

16. 在数据表视图中，不能（　　）。
   A. 修改字段的类型　　　　　　　　B. 修改字段的名称
   C. 删除一个字段　　　　　　　　　D. 删除一条记录

17. 下面关于主关键字叙述错误的是（　　）。
   A. 数据库中的每个表都必须有一个主关键字
   B. 主关键字字段的值是唯一的
   C. 主关键字可以是一个字段，也可以是多个字段
   D. 主关键字字段中不允许有重复值和空值

18. 表达式"张明"in（"张明明""张军"）的返回值是（　　）。
   A. 1　　　　　B. 0　　　　　　C. True　　　　　D. False

19. 以下查询表达式中，日期表示正确的是（　　）。
   A. (89-11-12)　　B. #89-11-12#　　C. <89-11-12>　　D. &89-11-12&

20. 关于查询，以下说法不正确的是（　　）。
   A. 查询的主要目的是检索符合指定条件的数据的对象
   B. 查询的结果是一个动态的数据记录集，以二维表的形式显示，但不是基本表
   C. 改变表中的数据时，查询中的数据不会随之发生改变
   D. 查询可以作为窗体、报表和数据访问页的数据源

二、填空题

1. 表是由_____和_____组成的二维表格。

2. "文本"类型不超过_____个字符。

3. 索引能够加快字段的_____及_____速度。

4. 索引有三个取值，分别为_____、_____和_____。

5. 关系 A（S，SN，E）和关系 C（E，CN，NM）中，A 的主键是 S，C 的主键是 E，则 A 的外键为_____。

6. 在表中输入数据时，按_____键可将光标置于下一个字段中。

7. 用 SQL 命令创建数据库表的关键词是_____。

8. 使用追加查询时，如果源表中的字段数目比目标表少，则追加后目标表中未指定的字段的值为_____。

9. 数据表"学生"包括学生姓名、科目和成绩三个字段，要创建一个交叉表查询汇总每名学生的总成绩，则可以作为列标题的是_____。

10. 与表达式"x between 10 and 20"等价的是_____。

11. 在创建参数查询时，条件框中必须包括_____。

12. 在 Access 2010 表达式中，表示任意一个数字的通配符是_____。

13. 运行查询时，希望根据用户输入的内容进行交互查询，那么这种查询属于_____。

14. 表达式"15/2 + 15mod2"的结果是_____。

15. 在数据类型中，保留 7 位小数，固定占 4 个字节的是_____。

16. SQL 语句"Select 姓名，性别，avg（成绩）From 学生表"对应的关系操作是_____。

上机实验与实训

实验一：创建数据库、表

【实验目的】

（1）掌握 Access 2010 数据库启动和退出的方法。
（2）掌握 Access 2010 数据库打卡、新建和关闭的方法。
（3）利用 Access 2010 数据库菜单、工具栏和命令按钮设置数据库及表的属性。
（4）对指定字段设置字段大小、字段类型、输入掩码以及设置主键等属性。

【实验内容】

（1）打开 Access 2010，新建空数据库。
（2）新建书籍信息表。

【实验步骤】

步骤一：新建数据库

启动 Access 2010 后，查看其功能区界面，观察在正常启动后 Access 2010 以空数据库新建的默认文档的名称、文档所在路径。修改文档名为"图书管理"，并保存此文档到已经建立的文件夹下。

步骤二：创建表

创建表名"书籍信息"，其"字段名称"和"数据类型"如图 6-1 所示，其中"图书编号"大小为"5"，"书籍名称"大小为"50"，"作者"大小为"8"，"出版社"大小为"20"，借出数量为"长整型"。

书籍信息

字段名称	数据类型
图书编号	文本
书籍名称	文本
作者	文本
定价	货币
出版社	文本
出版日期	日期/时间
登记日期	日期/时间
借出数量	长整型
操作人员	文本

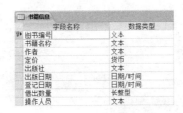

图 6－1　表结构

步骤三：添加表记录

右击表的标签名“书籍信息”，在弹出的快捷菜单中选择“数据表视图”，切换到数据表视图，然后按照样例添加表记录，记录的个数大于等于 10 项，如图 6－2 所示。

书籍信息

图书编号	书籍名称	作者	定价	出版社	出版日期	登记日期	借出数量	操作人员
T1001	计算机应用基础	毛青山	¥39.00	高等教育出版	2012/8/1	2013/1/1	2	张芳
T1002	C语言程序基础	谭浩强	¥20.00	清华大学出版	2012/7/6	2012/9/5	1	王敏
T1003	红楼梦	曹雪芹	¥30.00	北京理工大学	2009/9/7	2009/10/6	1	张芳
T1004	大学英语	艾青	¥29.00	上海译文出版	2010/10/1	2010/11/20	1	刘莉莉
T1005	西游记	吴承恩	¥30.00	机械工业出版	2011/11/9	2011/12/1	0	王敏
T1006	编译原理	高强	¥35.00	北京理工大学	2012/8/20	2012/9/10	0	王敏
T1007	管理信息系统	许晴	¥29.00	中国人民大学	2010/9/10	2010/9/30	4	张芳
T1008	邓小平理论	王辉	¥27.00	人民教育出版	2009/9/30	2009/10/8	3	刘莉莉
T1009	围城	钱钟书	¥30.00	花城出版社	1994/4/2	1994/10/8	3	刘莉莉
T1010	三国演义	罗贯中	¥28.00	电子工业出版	1998/7/3	1998/9/4	2	王敏

记录：第 7 项(共 10 项　无筛选器　搜索

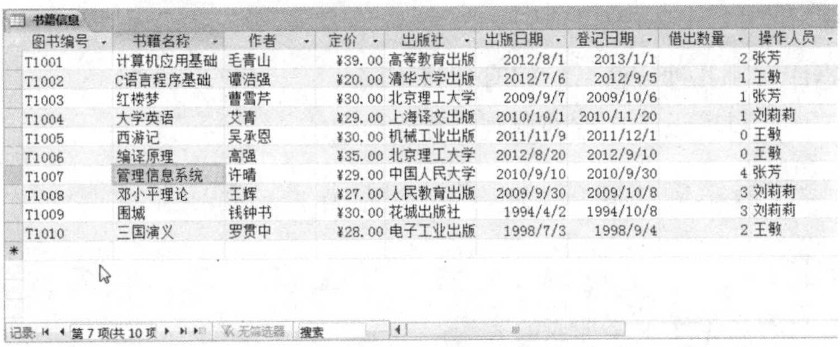

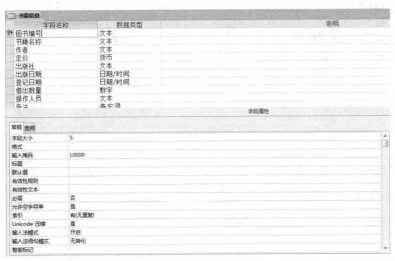

图 6－2　表记录

步骤四：添加字段并修改表中字段属性

（1）在表的最后添加一个“备注”字段，类型为“备忘录”（也可在设计视图中进行添加）。

（2）切换到设计视图，修改“图书编号”字段，在该字段的“输入掩码”中进行设计，使其格式为“字母－4 个数字”，如图 6－3 所示。

书籍信息

字段名称	数据类型	说明
图书编号	文本	
书籍名称	文本	
作者	文本	
定价	货币	
出版社	文本	
出版日期	日期/时间	
登记日期	日期/时间	
借出数量	数字	
操作人员	文本	
备注	备忘录	

字段属性

常规　查阅

字段大小	5
格式	
输入掩码	L0000
标题	
默认值	
有效性规则	
有效性文本	
必需	否
允许空字符串	是
索引	有(无重复)
Unicode 压缩	是
输入法模式	开启
输入法语句模式	无转化
智能标记	

图 6－3　设置字段属性

（3）选中“图书编号”字段，在功能区切换到“设计”选项卡，单击“主键”按钮，将“图书编号”字段设置为主键，如图 6－4 所示。

图 6-4 设置主键

【思考与练习】

1. 建立数据库有哪几种方法？它们有什么不同？
2. 什么是表的主键？设置主键的规则是什么？

实验二：修改表结构及属性

【实验目的】

（1）掌握在已有数据库中添加表的方法。
（2）掌握设置字段格式的内容和步骤。
（3）修改表的默认值属性。
（4）设置指定字段的有效性规则属性。
（5）添加 OLE 对象及数据。
（6）掌握添加、修改与删除字段和记录的方法。

【实验内容】

（1）在"实验一创建数据库、表"的"图书管理"数据库中添加"读者信息"和"借阅信息"表，并保存。
（2）在"读者信息"表中添加一个照片字段，类型为 OLE，并添加照片。

【实验步骤】

步骤一：添加表

（1）打开已有的"图书管理"数据库后，单击"新建"面板中的"表设计"按钮，如图 6-5 所示，通过设计视图创建"读者信息"表。

图 6-5 执行"表设计"命令

(2)"读者信息"表字段名称及数据类型如图 6-6 所示,其中的字段长度自行设计,主键为读者编号。

(3)用同样的方法创建"借阅信息"表,其字段名称及数据类型如图 6-7 所示。

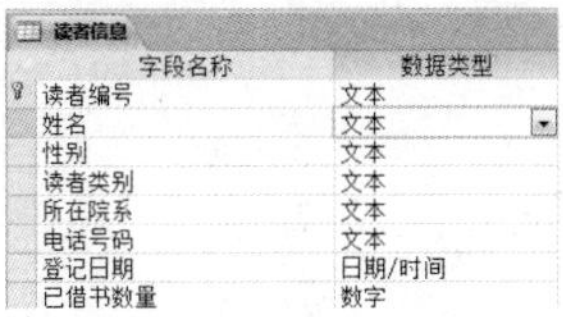

图 6-6 "读者信息"表字段名称及数据类型

图 6-7 "借阅信息"表

步骤二:修改表中字段属性

(1)打开"读者信息"表,单击"设计"按钮。

(2)在表的最后添加一个"照片"字段,类型为"OLE 对象"。

(3)修改"登记日期"字段,在该字段输入默认值为当天的日期,如图 6-8 所示。

(4)单击"性别"字段"数据类型"的下拉菜单,单击"查询向导",如图 6-9 所示。弹出"查询向导"对话框,选中"自行键入值"单选按钮,然后单击下一步,如图 6-10 所示设置。

图 6-8 设置登记日期默认值

图 6-9 查询向导

(5)在"读者信息"表的照片字段中添加图片,切换到数据表视图,在字段中右击弹出快捷菜单,选择"插入对象"命令,在打开的对话框中选中位图"Bitmap Image"选项,如图 6-11 所示,在自动打开的画图板对话框中单击"粘贴"下的"粘贴来源",选择图片即可。

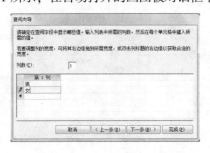

图 6-10 设置字段显示的值

图 6-11 添加"OLE 对象"数据

【思考与练习】

（1）添加掩码的作用是什么？应如何操作？
（2）在读者信息表中添加的照片是否能显示？为什么？

实验三：建立表间关系

【实验目的】

（1）掌握建立多表关联应具备的条件。
（2）掌握设置实施参照完整性、级联更新相关字段和级联删除相关记录的方法。
（3）掌握建立表间关联的操作步骤。

【实验内容】

打开"图书管理"数据库，建立已有三个表之间的联系。

【实验步骤】

（1）单击"关系工具"菜单，选择"关系"按钮，将需要建立关系的表添加到对话框的空白处，如图 6-12 所示。

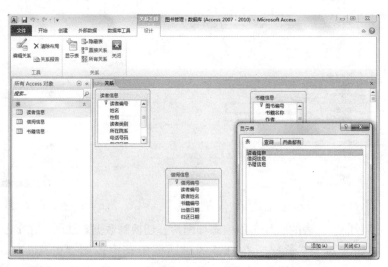

图 6-12　显示表

（2）用鼠标拖动"读者信息"表中主键字段到"借阅信息"表中外键关键字，系统会自动弹出"编辑关系"对话框，如图 6-13 所示。将三个复选框全部选中，单击"创建"按钮，即可完成关系的创建。

（3）用同样的办法创建"借阅信息"表与"图书信息"表之间的关系，得出图 6-14 所示的关系图。

图 6-13　"编辑关系"对话框

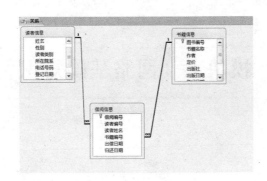

图 6-14 "读者信息"表、"查阅信息"表和"书籍信息"表之间的关系

【思考与练习】

(1) 有效性规则指的是什么？如何建立？
(2) 常见的数据库关系有哪几种？说明建立关系的作用。

模块七 网络基础知识

习题精选

一、填空题

1. 计算机网络是基于_____和_____发展而来的一种新技术。
2. 在计算机网络中处理、交换和传输的信息都是_____数据，为区别于电话网中的语音通信，将计算机之间的通信称为_____。
3. 数据可以分为_____数据和_____数据两类。
4. 在通信系统中，信号可分为_____信号和_____信号。
5. 通信过程中发送信息的设备称为_____。
6. 通信过程中接收信号的设备称为_____。
7. 任何通信系统都可以看作是由_____、_____和_____三大部分组成。
8. 数据传输模式是指数据在信道上传送所采取的方式。按数据代码传输的顺序可以分为_____和_____；按数据传输的同步方式可分为_____和_____；按数据传输的流向和时间关系可分为_____、_____和_____等。
9. 计算机网络，简单地讲，就是将多台计算机通过_____连接起来，能够实现各计算机间_____的互相交换，并可共享_____的系统。
10. 按作用范围的大小可将计算机网络分为_____（LAN）、_____（WAN）和_____（MAN）三种。
11. 根据拓扑结构的不同，计算机网络一般可分为_____结构、_____结构和_____结构三种。
12. _____是网络的核心设备，负责网络资源管理和用户服务，并使网络上的各个工作站共享软件资源和高级外交。
13. _____是 OSI 的最底层，主要功能是利用物理传输介质为数据链路层提供链接，以透明地传输比特流。_____是 OSI 参考模型中的最高层，确定进程之间通信的性质，以满足用户的需要。
14. TCP/IP 协议是一个协议集，其中最重要的是_____协议与_____协议。
15. Internet 的前身是始于 20 世纪 60 年代美国国防部组织研制的_____网（高级研究计划署网络）。
16. 我国共有四大网络主流体系，分别为中国科学院的_____（NCFC）、国家教委的_____（CERNET）、原邮电部的_____（CHINANET）和电子工业部的_____（又称金桥网，或 CHINAGBN）。

17. Internet 可以把世界各地的计算机或物理网络连接到一起，按照一种称为_____的协议进行数据传输。

18. 数据总量分割传送、设备轮流服务的原则称为_____。计算机网络用来保证每台计算机平等地使用网络资源的技术称为_____。

19. IP 协议是_____，它提供了能适应各种各样网络硬件的灵活性，而对底层网络硬件几乎没有任何要求。

20. TCP 协议是_____，它向应用程序提供可靠的通信连接，TCP 协议能够自动适应网上的各种变化，即使在互联网暂时出现堵塞的情况下，也能够保证通信的可靠。

21. 在 Internet 上必须为每一台主机提供一个独有的标识，使其能够明确地找到该主机的位置，该名称就是_____，它有_____和_____两种形式。

22. 域名采用层次结构，每一层构成一个子域名，子域名之间用圆点"."隔开，自左至右分别为_____。

23. Internet Explorer 简称 IE，是 Microsoft 公司推出的_____。

24. WWW 是一个采用_____的信息查询工具，它可以把 Internet 上不同主机的信息按照特定的方式有机地组织起来。

25. 出现在地址栏的信息是访问网页所在的网络位置，称为_____（"统一资源定位器"）链接地址。

26. URL 的基本格式为_____。

27. _____可以将网站地址永久地保存起来，下次再浏览该 Web 页时，就可以直接选择需要的浏览网址。

28. 要给别人发送电子邮件，首先必须知道对方的_____和自己的_____。电子邮件（E-mail）地址具有统一的标准格式_____。

29. 使用电子邮件，首先要有自己的_____，这样才能发送及让别人知道把信件发送到什么地方。

30. 申请到免费电子邮箱以后，就可以通过邮箱管理页面发送电子邮件了，即平时所说的_____发送邮件。

31. _____是 Internet 上执行信息搜索的专门站点或工具，它们可以对主页进行分类、搜索和检索。

32. Flash Get 是一款免费的_____软件。

33. 如果希望在自己的电脑中查看网站的内容，可以使用软件将网站下载到自己的电脑中进行浏览，并且不需要连接网络，这种软件一般称为_____。

34. _____是网站信息发布与表现的主要形式之一。

35. _____作为 Office 系列程序之一，是"所见即所得"、功能强大和使用简单的网页编辑工具，是初学网页制作用户创作网页最好的工具之一。

二、选择题

1. 下列不属于网络操作系统的是（ ）。
   A. Windows 2010　　　　　　　　B. Windows 7
   C. Windows 2000 Server　　　　　D. Sun OS

2. 经过调制后，可以在公用电话线上传输的模拟信号的传输称为（　　）。
   A. 宽带传输　　　　B. 基带传输　　　　C. 模拟信号传输　　D. 数字数据传输
3. 目前局域网的主要传输介质是（　　）。
   A. 光纤　　　　　　B. 电话线　　　　　C. 同轴电缆　　　　D. 微波
4. 将计算机联网的最大好处是可以（　　）。
   A. 发送电子邮件　　B. 视频聊天　　　　C. 资源共享　　　　D. 获取更多的软件
5. 网络协议是指（　　）。
   A. 网络操作系统
   B. 网络用户使用网络时应该遵守的规则
   C. 网络计算机之间通信时应遵守的规则
   D. 用于编写网络程序或者网页的一种程序设计语言
6. 在 OSI 网络模型中进行路由选择的层是（　　）。
   A. 会话层　　　　　B. 网络层　　　　　C. 数据链路层　　　D. 应用层
7. 在 OSI 网络模型中，向用户提供可靠的端到端服务的功能层是（　　）。
   A. 会话层　　　　　B. 网络层　　　　　C. 数据链路层　　　D. 传输层
8. 下列不属于 TCP/IP 参考模型的功能层是（　　）。
   A. 应用层　　　　　B. 会话层　　　　　C. 网络层　　　　　D. 物理链路层
9. 计算机网络的拓扑结构不包括（　　）。
   A. 星型结构　　　　B. 总线型结构　　　C. 环型结构　　　　D. 分布式结构
10. （　　）是国内第一个以提供公共服务为主要目的的计算机广域网。
    A. NCFC　　　　　B. CERNET　　　　C. CHINANET　　　D. CHINAGBN
11. 以"com"结尾的域名表示的机构为（　　）。
    A. 网络管理部门　　　　　　　　　　B. 商业机构
    C. 教育机构　　　　　　　　　　　　D. 国际机构
12. 以"cn"结尾的域名代表的国家为（　　）。
    A. 美国　　　　　　B. 中国　　　　　　C. 韩国　　　　　　D. 英国
13. Internet 的简称是（　　）。
    A. 局域网　　　　　B. 广域网　　　　　C. 互联网　　　　　D. 城域网
14. 目前，互联网上最主要的服务方式是（　　）。
    A. E－mail　　　　 B. WWW　　　　　 C. FTP　　　　　　D. CHAT
15. 调制解调器的功能是实现（　　）。
    A. 数字信号的编码　　　　　　　　　B. 数字信号的整形
    C. 模拟信号的放大　　　　　　　　　D. 模拟信号与数字信号的转换
16. 个人计算机与 Internet 连接除了需要电话线、通信软件外，还需要（　　）。
    A. 网卡　　　　　　B. UPS　　　　　　C. Modem　　　　　D. 服务器
17. 互联网上的服务都是基于一种协议，其中 WWW 服务是基于（　　）协议。
    A. SMIP　　　　　 B. HTTP　　　　　 C. SNMP　　　　　 D. TELNET
18. IP 地址由（　　）位二进制数字组成。
    A. 8　　　　　　　 B. 16　　　　　　　C. 32　　　　　　　D. 64

19. 下列 IP 地址为合法 IP 地址的是（　　）。
   A. 202.10.960.101　　　　　　　　B. 210.12.4
   C. 202，12，54，34　　　　　　　　D. 20.0.0.1
20. Internet 中的一级域名 EDU 表示（　　）。
   A. 非军事政府部门　　　　　　　　B. 大学和其他教育机构
   C. 商业和工业组织　　　　　　　　D. 网络运行和服务中心
21. Internet 使用一种称为（　　）的专用机器将网络互连在一起。
   A. 服务器　　　B. 终端　　　C. 路由器　　　D. 网卡
22. Internet 中主要的互连协议为（　　）。
   A. IPX/SPX　　　B. WWW　　　C. TCP/IP　　　D. FTP
23. 计算机网络中广泛采用的交换技术是（　　）。
   A. 线路交换　　　B. 信源交换　　　C. 报文交换　　　D. 分组交换
24. 如果想要连接到一个安全的 WWW 站点，应以（　　）开头来书写统一资源定位器。
   A. shttp：//　　　B. http：s//　　　C. http：//　　　D. htps：//
25. 要设定 IE 的主页，可以通过（　　）来实现。
   A. Internet 选项中的"常规"选项卡
   B. Internet 选项中的"内容"选项卡
   C. Internet 选项中的"地址"选项卡
   D. Internet 选项中的"连接"选项卡
26. 以下电子邮件地址正确的是（　　）。
   A. hnkj a public .tj. com　　　　　　B. public tj cn@ hnkj
   C. hnkj@ public tj. com　　　　　　D. hnkj@ public. tj. com
27. 用户想使用电子邮件功能，应当（　　）。
   A. 向附近的一个邮局申请，办理一个自己专用的信箱
   B. 把自己的计算机通过网络与附近的一个电信局连起来
   C. 通过电话得到一个电子邮局的服务支持
   D. 使自己的计算机通过网络得到网上一个电子邮件服务器的服务支持
28. 电子邮件是一种计算机网络传递信息的现代化通信手段，与普通邮件相比，它具有（　　）的特点。
   A. 免费　　　B. 安全　　　C. 快速　　　D. 复杂
29. 网页中一般不包含的构成元素是（　　）。
   A. 背景　　　B. 表格　　　C. 应用程序　　　D. 文字
30. FrontPage 建立一个网页文件后，默认保存的文件格式为（　　）。
   A. .doc　　　B. .htm　　　C. .txt　　　D. .gif
31. 更改网页标题可以在（　　）时实现。
   A. 新建网页　　　B. 打开网页　　　C. 保存网页　　　D. 预览网页
32. HTML 语言是一种（　　）。
   A. 低级语言　　　B. 标注语言　　　C. 程序算法　　　D. 汇编语言

上机实验与实训

实验一：网络配置与建立网络连接

【实验目的】

(1) 了解和掌握相关网络配置的知识与操作方法。
(2) 掌握 TCP/IP 网络协议的配置方法。
(3) 掌握利用 Windows XP 自带工具配置 ADSL 网络连接的方法。
(4) 了解 IE 浏览器的基本设置。

【实验内容】

(1) 添加网络协议与设置 IP 地址。
(2) 添加网络连接与设置网络共享。
(3) IE 的基本设置。

【实验步骤】

步骤一：添加网络协议与设置 IP 地址

(1) 通过任务栏右侧通知区域的网络图标，进入"网络和共享中心"。
(2) 单击"本地连接"按钮，打开"本地连接属性"对话框。
(3) 选中"Internet 协议版本 4（TCP/IPv4）"项目，然后单击"属性"按钮，在打开的"Internet 协议版本 4（TCP/IPv4）属性"窗口里单击"使用下面的 IP 地址"单选按钮，在文本框中输入 IP 地址、子网掩码和默认网关，然后单击"使用下面的 DNS 服务器地址"单选按钮，在文本框中输入首选 DNS 服务器和备用 DNS 服务器，如图 7-1 所示。单击"确定"按钮，回到"Internet 协议版本 4（TCP/IPv4）"窗口，再单击"确定"按钮即可。

图 7-1　设置 IP 地址和 DNS 服务器地址

步骤二:配置 Internet Explorer 浏览器

(1) 在"控制面板"窗口中单击"Internet 选项"图标,打开如图 7-2 所示的"Internet 属性"对话框。

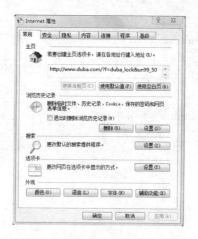

图 7-2 "Internet 属性"对话框

(2) 在"常规"选项卡"主页"地址的右边输入经常访问的网址,如输入"http://www.baidu.com/"。如果电脑不是一直连接在网络上,有时又需要使用浏览器来浏览本地的网页文件,则可以单击"使用空白页"按钮 使用空白页(B)。

(3) 在"隐私"选项卡中勾选"启用弹出窗口阻止程序"复选框。

【思考与练习】

(1) 通过"网络连接"属性窗口了解当前计算机的网络配置信息(如网卡信息、IP 地址、网关地址以及 DNS 服务器地址等)。

(2) 更改"Internet 选项"参数,并通过教材、参考书或网络了解相关参数设置的作用。

实验二:IE 浏览器的使用

【实验目的】

(1) 复习有关 IE(Internet Explorer)浏览器的相关知识与操作方法。
(2) 掌握利用 IE 浏览器浏览网页信息的基本操作方法。
(3) 掌握利用 IE 浏览器保存图片、音乐以及视频等文件的基本方法。
(4) 掌握利用 IE 浏览器查找信息的操作方法。
(5) 了解和掌握收藏夹的使用方法。

【实验内容】

(1) 使用 IE 浏览器浏览网络信息。
(2) 使用 IE 浏览器窗口保存网页内容,下载图片和其他文件。
(3) 利用网页搜索引擎查找需要的各种信息。

(4)使用收藏夹来提高访问网络的效率。

【实验步骤】

步骤一：浏览网页信息

(1)双击桌面上的"Internet Explorer"选项（或者"开始"→"所有程序"→"Internet Explorer"），打开IE浏览器，默认状态下，浏览器自动连接上网并打开通过"Internet 选项"对话框设置的主页地址，如图7-3所示。

图7-3 打开浏览器

(2)在地址栏中输入要浏览的网站链接，如输入"http：//www.163.com"（前面的http：//可以省略），按下回车键，则自动打开"网易"的主页。

(3)当鼠标在显示的网页内容移动时，如果鼠标指针变成手形，则单击鼠标可以打开该内容对应更详细的信息。

(4)单击工具栏上的"前进"和"后退"按钮可以跳转到当前浏览器窗口浏览过的网页，单击窗口右上角的"关闭"按钮 可以关闭当前的浏览器窗口。

步骤二：下载文件

1. 保存当前网页

(1)选择IE浏览器窗口"文件"菜单中的"另存为"选项，打开"另存为"对话框。

(2)选择好目标位置，然后输入文件名，默认文件名为当前网页的标题，保存类型为默认的"网页，全部"，单击"保存"。

在目标位置保存当前网页文件，在对应的一个文件夹（文件名名称一般为当前网页文件名加".files"构成）保存了当前网页文件相关的文件，如样式文件、图片文件等。

2. 保存图片

(1)打开一个包含有图片文件的网页。

(2)在图片文件上单击鼠标右键，用鼠标右键单击最上面的大的Google图标，选择"图片另存为"选项。

(3)在"保存图片"对话框中选择好目标位置，输入文件名和选择好文件类型后，单击"保存"按钮。

3. 保存其他文件

（1）在链接了其他文件的标题上单击鼠标右键，选择"目标另存为"选项，或者直接单击鼠标，会弹出"文件下载"提示信息对话框。

（2）单击"保存"，打开"另存为"对话框，选择好目标位置后，单击"保存"。

（3）文件开始下载，并显示下载进度。

步骤三：查找网络信息

1. 查找网页或网站信息

（1）在浏览器地址栏中输入网址"www.baidu.com"，打开如图7-4所示的百度搜索引擎。

（2）在大的长条的编辑框中输入"动物世界"。

（3）单击"百度一下"按钮，在浏览器窗口中显示所有搜索到的与动物世界有关的信息，如图7-4所示。

图7-4　搜索"动物世界"的结果

（4）单击其中的某个标题，即可打开与动物世界相关的信息网页。

2. 查找图片

（1）单击上面的"图片"链接，进入图片搜索窗口。

（2）在编辑框中输入"动物世界"，单击"百度一下"按钮，则窗口中显示所有与动物世界相关的图片缩略图列表，如图7-5所示。

图 7-5 搜索图片

步骤四：使用收藏夹

（1）进入"动物世界"网站后，选择"收藏"菜单下的"添加到收藏夹"命令。

（2）在打开的"添加收藏"对话框中，如图 7-6 所示，单击"新建文件夹"按钮，在"新建文件夹"对话框中输入"我喜欢的网站"，单击"创建"。

图 7-6 "添加收藏"对话框

（3）在收藏夹文件夹列表中选择"我喜欢的网站"，单击"添加"按钮，将"动物世界"网站添加到收藏夹中。

（4）关闭"动物世界"浏览窗口，重启 IE 浏览器，选择"收藏夹"菜单"我喜欢的网站"下的"动物世界"，浏览器自动打开"动物世界"的网站。

【思考与练习】

（1）练习登录自己喜欢的一个网站，并将自己感兴趣的网页内容保存下来。

（2）练习搜索自己喜欢的明星或者风景的照片，并将其保存到自己的电脑中。

（3）思考如何找到下载工具软件 FlashGet，并将其保存到自己的电脑中。

（4）思考如何从网络上查找有关高等数学试题的 Word 文档，并将搜索到的 Word 文档保存到自己的电脑中。

（5）练习使用收藏夹、整理收藏夹、导出收藏夹内容和导入收藏夹。

（6）利用 Internet Explorer 登录浏览"电脑之家"网站，站点地址为：http://www.pchome.net，浏览别人发布的信息并且发布自己的求助或者讨论信息。

（7）使用"百度"（www.baidu.com）搜索引擎，搜索有关"office 办公软件"的信息，并将其与使用"Google"搜索引擎所得出的结果进行比较。

实验三：电子邮箱的申请与使用

【实验目的】

（1）复习有关电子邮箱使用的相关知识和 Outlook Express（OE）操作的基本方法。
（2）掌握在 Internet 上申请免费电子邮箱的方法。
（3）学会在 Internet 上使用 Web 方式管理电子邮件。
（4）了解如何在本机上使用邮件客户端程序管理电子邮件。

【实验内容】

（1）申请免费的电子邮箱。
（2）使用 Web 方式撰写、发送和阅读电子邮件。
（3）使用 Outlook Express 管理电子邮件。

【实验步骤】

步骤一：申请免费电子邮箱

（1）启动 IE 浏览器，打开"新浪"（www.sina.com.cn）主页，单击最上面"邮箱"下拉列表中的"免费邮箱"链接，或者直接在地址栏中输入"http://mail.sina.com.cn"，打开如图 7-7 所示的"新浪"免费邮箱登录窗口。

图 7-7　"新浪"免费邮箱登录窗口

(2)单击右下方的"立即注册"链接,在弹出的页面中输入相关的内容,如图 7-8 所示。

图 7-8 输入注册信息

(3)单击"同意以下协议并注册"按钮,进入如图 7-9 所示的邮箱激活窗口,激活后别人可以发送邮件到你注册的这个邮箱地址。

图 7-9 邮箱激活窗口

(4) 单击"安全退出"可以退出邮件管理窗口，回到"新浪"免费邮箱登录窗口。

步骤二：Web方式管理邮件

1. 撰写和发送邮件

(1) 在"新浪"免费邮箱登录窗口（如图7-7所示）中输入邮箱名和密码后，单击"登录"按钮，进入邮箱，如图7-10所示。

图7-10 邮箱主页

(2) 单击左侧的"写信"按钮，进入如图7-11所示的撰写邮件窗口。

图7-11 撰写邮件窗口

(3) 在"收件人"编辑框中输入对方的电子邮箱地址,如"joantom@163.com";在"主题"编辑框中输入你写信的大致内容,如"亲爱的××同学,附件中是我的照片";单击"上传附件"链接,打开文件选择对话框,选择要发送的图片文件;随后在下面大的编辑框中输入要说的话,如"你好,上次你要的照片,现在发给你,收到后请回信!"。

(4) 单击上面的"发送"按钮,发送成功后会给出成功发出的提示信息。

2. 阅读和回复邮件

(1) 在邮件管理窗口中单击右侧"邮件夹"列表中的"收件夹"(或单击"收信"按钮),打开"收件夹",显示已经收到的邮件,其中以粗体显示表示没有阅读的邮件。单击主题,可以打开邮件阅读窗口查看邮件内容。

(2) 单击"回复"按钮则进入邮件撰写窗口,收件人为发件人的邮箱地址,主题一般不需要修改,直接在邮件内容编辑窗口中输入回复内容,单击"发送"。

3. 使用通讯录

(1) 单击最上面的"添加到通讯录"按钮,可以将该邮件的发送人邮件地址自动添加到通讯录中,如图7-12所示。

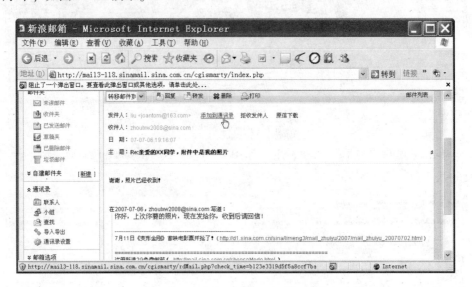

图7-12 阅读邮件窗口

(2) 单击左侧的"通讯录",在下面选择"联系人",在通讯录窗口中可以看到刚才添加的邮件地址,如图7-13所示。

(3) 单击"新建"按钮,可以添加新的通信录邮箱地址。

(4) 有了通讯录以后,在撰写邮件时,可以通过单击右侧的"通讯录"列表中的邮件地址直接添加收件人地址。

模块七 网络基础知识

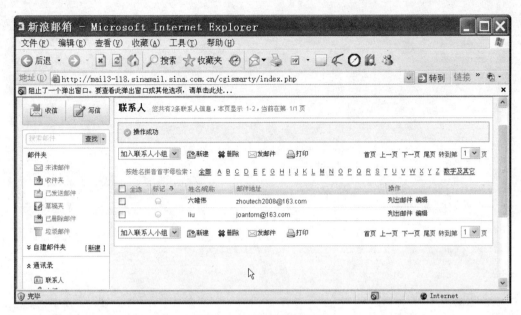

图 7-13 通讯录管理窗口

【思考与练习】

（1）使用自己喜欢的用户名通过 Internet 申请一个免费的电子邮箱。
（2）通过 Web 方式给同学撰写电子邮件，并附带发送一个文件给同学。
（3）练习使用 OE 撰写、发送、接收和阅读电子邮件。